消費者は燃費を正しく評価しているか？

ー自動車購入の意思決定における二つの新たな視点ー

二荒 麟

三菱経済研究所

謝辞

本書を執筆するにあたり，多くの方々からご支援・ご指導を頂戴いたしました．三菱経済研究所の丸森康史副理事長，杉浦純一常務理事，須藤達雄研究部長には，日々の研究活動をご支援いただいた他，本書の完成まで有益なフィードバックをくださいました．なかでも，杉浦純一常務理事には一文一文みていただき，丁寧なコメントをいただきました．慶應義塾大学の寺井公子教授には三菱経済研究所とのご縁を取り持っていただき，本書を執筆する機会をいただきました．慶應義塾大学での修士課程から博士課程までご指導いただいた星野崇宏教授には，データの購入や統計的なご助言をいただきました．データの提供にあたっては，明治学院大学の中野暁専任講師および株式会社インテージに大変お世話になり，感謝申し上げます．指導教官のみならず，環境経済論の大学院の授業にて小西祥文教授・大沼あゆみ教授・授業参加者の大学院生などから大変有益なコメントをいただきました．また，中嶋亮教授・中嶋研究室の大学院生にも研究室での発表を通じて，実証産業組織論の大学院の授業では，河井啓希教授・田中辰雄教授・石橋孝次教授・授業参加者の大学院生に授業での発表を通じて，数々のコメントを頂戴しました．この場を借りて深謝いたします．

最後に，研究員としての在籍の間，三菱経済研究所のスタッフの方々や同僚に多大なサポートをいただきました．あらためて，謝意を表します．

2023 年 3 月 17 日

二荒　麟

目　　次

第1章
序章

世界的に電力・運輸部門は温室効果ガスの最も大きな排出源である．実際，日本，米国，欧州における全部門に占める電力・運輸部門の比率は，それぞれ57%，52%，33%である (Ministry of the Environment, 2021; US Environmental Protection Agency, 2022; Eurostat, 2022)．この両部門における温室効果ガス排出の原因の典型的な例として，自動車や電化製品などの耐久消費財が挙げられる．耐久消費財の特徴は，実際に温室効果ガスを排出するのは，購入時点ではなく，使用時点であるという点である．つまり，こうした耐久消費財において温室効果ガス排出を抑える政策を考えるためには，効率的な製品の購買を促進させるだけではなく，消費者の使用実態を踏まえなければいけない．例えば，自動車に関連した日本の政策には，温室効果ガス排出量の少ない自動車の購入を促すような燃費規制と実際の自動車の運転距離を抑制する地球温暖化対策のための（ガソリン）税[1]という購入時点と使用時点の両政策が実行されている．

ここで，消費者が自らの使用実態を踏まえて，耐久消費財の購入という意思決定を行えているかという問題が生じる．消費者が耐久消費財を購入する際に，将来の使用コストを踏まえて意思決定しているかどうかという程度をパラメータとして推定することで，この研究課題は古くから議論されてきた (Hausman, 1979)．例えば，自動車の購入に関していえば，消費者が利用時点も含めて総額で支払うコストは，自動

---

[1] ガソリン税全体ではなく，ここでは2012年10月1日より段階的に施行され，2016年4月1日より完全施行されている「地球温暖化対策のための税」を指している．この税制は，石油・天然ガス・石炭といったすべての化石燃料の利用に課されている．

車の購入価格とガソリンなどの利用時の燃料コストに分けられる．この問題の政策的な重要性を以下で具体的に説明する．日本では自動車の購入時点で，消費者は自動車税（軽自動車税）・自動車重量税・環境性能割（旧・自動車取得税）・消費税などの税金を払っている．そして使用時にもガソリン税・環境税・消費税などを支払っている．環境政策の観点では，政策当局はガソリン消費や地球温暖化ガス排出の抑制を実現しようとしている．政策当局は，消費者が高燃費の自動車を購入し、なおかつ走行距離を抑えれば、政策目的を達成できることから、そのために、購入時の税金・補助金を調整することが可能である．政策立案にあたって，消費者が意思決定を行う際の評価が重要になる．もし消費者が将来かかるであろう燃料コストを十分に考えていなければ，ガソリン税の効果はあまり見込めず，むしろ購入時により高燃費の自動車を購入させることを考えた方がよい．

特に自動車を対象にした研究では，経済学者は消費者の自動車の購入価格に対する将来の燃料コストの評価比率を推定することで，将来評価値（valuation parameter）の推定を行ってきた．その結果，消費者は将来のコストを正当に評価しているのかそれとも過小評価（undervaluation），つまり消費者は将来に対して楽観的（myopic）なのかどうかという点が検証されてきた．消費者の楽観性および近視眼性（consumer myopia）に関する文献では長らく対立する二つの結果が存在しており，消費者の将来燃料価格に対する過小評価を裏付ける結果を示した研究がある一方で (Allcott and Wozny, 2014; Leard et al., 2019, 2021; Gillingham et al., 2021; Huse and Koptyug, 2022)，そうした過小評価は控えめあるいは存在しないとする研究がある (Busse et al., 2013; Grigolon et al., 2018; Sallee et al., 2016).

これらの研究結果はそれぞれアプローチ・識別戦略・データなどの面で異なっている．表 1 はそれらをまとめたものである．まず，列 1 にあるように，新車か中古車かによって，識別戦略において内生性をどの程

表 1　先行研究の特徴および将来評価値の推定結果

Exact valuation parameter	新車/中古車	割引率	走行距離	推定方法	将来評価値
Sallee et al. (2016)	中古車	5%	NHSTA	誘導推定	1.01
Allcott and Wozny (2014)	中古車	6%	NHTSA	誘導推定	0.76
Gillingham et al. (2021)	新車	6%	NHTSA	自然実験	0.17 – 0.42
Approximate valuation parameter					
Busse et al. (2013)	両方	6%	NHTSA	誘導推定	1.33
Grigolon et al. (2018)	新車	5%	UK National Survey	構造推定（マクロ）	0.91
Leard et al. (2019)	新車	1.3%	NHTSA	構造推定（グループ）	0.54
Leard et al. (2021)	新車	2.9 – 5.3%	NHTSA	誘導推定	0.06 – 0.76
Huse and Koptyug (2022)	中古車	5%	SAIA	構造推定（マイクロ）	0.60 – 0.63

注）1 列目は先行研究を列挙している．‘Exact valuation parameter’ と ‘Approximate valuation parameter’ は valuation parameter の推定方法の違いである．前者は valuation parameter を直接推定しているのに対し，後者は価格と燃料コストのパラメータを割ることで計算しており，後者にはバイアスがあることが知られている．詳しくは，Houde and Myers (2019) を参照されたい．本研究では焦点を当てない．2 列目は新車か中古車かを表している．3 列目は割引率の仮定であり，4 列目は走行距離のデータ出典である．NHTSA は National Highway Traffic Safety Administration（米国運輸省道路交通安全局）の略称であり，SAIA は Swedish Association of International Affairs（スウェーデン国際関係協会）の略称である．5 列目は推定方法を表示している．構造推定のうち，マクロ・マイクロは，それぞれマクロレベル・マイクロレベルのデータを用いていることを示しており，グループというのは人口属性グループレベルのデータを使用していることを意味している．6 列目は各研究の将来評価値（valuation parameter）の推定値である．

度考慮しなければならないかという点が変わってくる[2]．ここでは消費者の将来の燃料コストを考えるので，その将来のコストをどの程度割引くかという点で，割引率の仮定も関係する（列 2）．また，消費者の近視眼性に関する文献では，消費者の走行距離について当該国の平均値を用いている（列 3）．そして，方法も様々であり，ガソリン価格の変動のみを用いて，他の変数をコントロールした上で誘導系で推定するアプローチ (Busse et al., 2013) や，アメリカ合衆国環境保護庁（US Environmental Protection Agency: US EPA）の監査による韓国車のヒュンダイと起亜自動車のカタログ燃費修正を用いた自然実験アプローチ

2　中古車市場では，ガソリン価格が自動車の廃棄，つまり中古車市場への参入，の意思決定に影響を与えないため，中古車の燃費ごとの自動車の相対価格やセールスに影響を与えないとされている (Li et al., 2009; Allcott and Wozny, 2014).

(Gillingham et al., 2021)，産業組織論的な BLP（Berry-Levinsohn-Pakes）モデルを用いた構造推定による推定 (Grigolon et al., 2018; Leard et al., 2019; Huse and Koptyug, 2022) なども用いられている．その意味で一様に比較することはできないが，近年の文献の将来評価値は 1.0 よりも低い推定値を示すことが多く，将来の燃料コストの過小評価[3]が起きているという結果が得られていることがわかる．つまり，これらの結果は消費者は何かしらの理由で将来のコストを合理的に判断していないということを意味する．

しかし，先行研究では消費者の意思決定において，消費者が何を信じているか（消費者の信念，Belief，と本研究では呼称する）という点について，十分に考えられていない．本研究は消費者の意思決定時に，将来の燃料コストがどの程度であると信じているか，という点をより掘り下げる．先行研究では，消費者が自動車の燃費について，カタログ燃費を信じていると仮定している．しかしながら，自動車のカタログ燃費と実燃費に大きな乖離があることは消費者にも広く知られており，消費者が自動車会社の提示するカタログ燃費をそのまま信じているかどうかは疑わしい．実際に，上記の消費者の近視眼性に関する文献とは別に，近年，自動車のカタログ燃費と実燃費の差がもたらす影響についての研究が進んでいる．Reynaert (2021) は EU における 2007 年の排出量規制（燃費規制と同等と考えてよい）の導入に伴う，企業の戦略的な行動について分析している．EU では規制導入によって，自動車メーカーは自社が販売する自動車の走行距離 1 km 辺りの二酸化炭素排出量の重み平均を 130 g CO_2/ km 以下にすることが義務付けられた（違反した場合は販売量あたりの罰金が課される仕組み）．この研

[3] 過小評価とは，将来評価値の推定値が小さいことを意味する．具体的には，近年の消費者が将来燃料コストを価格よりも低く評価していると推定されているということである．第 5 章のモデルでは，将来の燃料コストパラメータが価格パラメータよりも低い推定結果を意味する．

究は，企業の戦略的な行動として，(1) 価格変化，(2) 実燃費向上，(3) 実燃費を向上させずにカタログ燃費だけを向上させる行動（Gaming）という3種類を考えた．その結果，Gaming によるカタログ燃費と実燃費のギャップの拡大により，排出量規制が社会厚生の増加に繋がらなかったことが示された[4]．日本においても，自動車への燃費基準に基づいた補助金が実燃費とカタログ燃費のギャップを一部拡大させてしまったというエビデンスが発見されている (Tanaka, 2020).

このように，実燃費とカタログ燃費のギャップは，どういった政策が望ましいかという点で，大きな影響を与える．前述のとおり，本研究はさらに一歩踏み込み，消費者が実燃費とカタログ燃費のギャップについて，どの程度認知していて，その結果厚生にどういった影響をもたらしているのかを検討する．その燃費認知を本研究では燃費の信念とよぶ．本研究では，それら三つの燃費指標（カタログ燃費・実燃費・燃費の信念）について，消費者の近視眼性を測る将来評価値に関して理論的な洞察を展開したうえで，実際にデータを用いて推定する[5]．本研究の用いるマイクロデータはユニークであり，納車後の消費者の購入車の平均燃費に関する認識を尋ねている．本研究では，この変数を

[4] しかし，Gaming は企業の開発コストを抑える効果もあり，消費者厚生に限っていえば，Gaiming による情報の歪みはコストの価格転嫁を通じて，むしろ便益に繋がっているという研究結果がある (Reynaert and Sallee, 2021).

[5] Allcott (2013) と Allcott and Knittel (2019) という二つの研究は燃費の信念に関しての消費者の近視眼性を議論している．しかし，彼らの研究は上の先行研究とは大きく異なるアプローチをとっており，オンラインサーベイによって燃費に関する評価を行っている．この二つの研究は将来燃料コストの過小評価は起きていないという研究結果を得ているが，自動車を購入するという意思決定をしている人が対象ではなく，仮想的な自動車の購入環境でのサーベイになっており，真剣に答えていない人が混じっているのか，将来評価値においてゼロの推定値が多くなっている．本研究と彼らの研究の違いは，本研究は実際の購買データを用いていることと，三つの燃費指標を同じフレームワークで理論・実証の両面から比較できていることにある．

消費者の燃費に対する信念と考える[6]．また，当該データは消費者の平均的な自動車の走行距離や契約時の支払い方法（一括払いかローンによる支払いか）など従来のデータでは観察されてこなかった細かい点まで調査している．本研究では，これらの詳細な消費者の購買情報を用いて，消費者の異質性をより細かに考慮している．筆者はこのマイクロデータと自動車のシェアおよびカタログ情報（カタログ燃費・重量・馬力など），各自動車の平均実燃費情報を組み合わせて，3種類の燃費指標における，将来評価値を推定した．そのうえで，消費者の効用を（1）認知効用と（2）実現効用の2通り考え，その効用が生み出すギャップを信念による誤差（belief error）の行動バイアスとして推定した．その結果，消費者は自動車の燃費に対して，平均的にカタログ燃費よりも低い燃費を想定して購入しており，購買時に将来得られるはずの効用を認知していないことがわかった．

上記のカタログ燃費・実燃費・燃費認知という三つの燃費指標の違いを明らかにする貢献が第一の貢献である．そして，本研究のもう一つの貢献は，将来評価値の推定において，消費者レベルの購入自動車の燃費認知と走行距離の正の相関を初めて考慮した研究であるということである．自動車に関する環境経済学の文献では，燃料価格や燃費水準の増加によって，走行距離が増加する可能性（こうした効果を「リバウンド効果」という）が示唆されてきた．燃料価格についてはその効果がとても小さい（あるいは無視できる）という研究結果の蓄積があるが (Gillingham et al., 2016)，自動車の買い替えなどによる燃費水準の改善についてはリバウンド効果の存在を示唆する研究がある (Linn, 2016; Yoo et al., 2019)．本研究のデータが示唆する燃費指標と走行距離

6　つまり，購入時点と納車後に燃費認知が変わらないことを仮定している．この仮定の妥当性の検証については，すでに異なる調査を実施している．その結果，69.9%の消費者が納車後の実燃費は購入時点に予想していた燃費認知であったと答えており，妥当であることがわかっている．この調査結果の反映は今後の研究課題としたい．

の正の相関は高燃費の自動車を購入する人は走行距離も比較的長いことを意味しており，概念としてはリバウンド効果と関連する．本研究では，消費者の近視眼性に関する将来評価値の推定値が，購入者に求める燃費水準と走行距離の長さの正の相関関係によって，大きくなることを理論的に示した．そのうえで，データを用いた実証分析によって二つのバイアス（燃費の信念・燃費と走行距離の相関）の効果を検証している．

本研究は，‘Futara and Hoshino (2022), “Consumer Belief and Utilization Matter: Evidence from the Japanese New Passenger Vehicle Market,” mimeo’ と関係性の深いものであり，引用する際には，本研究書と英文論文の両方を引用するようにしていただきたい．

第2章
データ概要

まず，本研究で用いるデータについて説明する．本研究で使用するマイクロデータは，株式会社インテージより提供されている．具体的には，株式会社インテージが集計・調査しているCar-kitデータである[7]．本データは，毎月約70万人から前月の保有車に関する情報を取得しているシンジケートデータであり，個人を特定する情報が匿名化された上で，筆者に提供された．

Car-kitデータは，回答者（購入者）の識別番号・調査月・自動車保有有無・回答者の人口属性（性別・年齢・未既婚・同居家族人数・子どもの有無・世帯年収区分・居住都道府県など）を回答者情報として記録している．データの期間は2016年1月から2019年9月までである．現有車については，その契約年月・現有車の車種名およびメーカー名・現有車の車両およびオプション価格（i.e., 店頭価格）・支払い方法などを調査している．加えて，手放した自動車の車種名・メーカー名・モデル年なども調査している．そして，一部のアンケート対象者には，使用実態として月平均走行距離と平均燃費を調査している．本研究では，使用実態も調査されている回答者に絞って本データを利用している．また，外国車については，日本ではシェアが非常に小さいこととブランドレベルのシェア情報が得られないことから，除いている．加えて，スポーツカーや限定販売車のようなシェアの極めて小さい乗用車

[7] Car-kitデータの詳細については，株式会社インテージのホームページ（https://www.intage.co.jp/industry/automobile/car-kit/）を参照．なお，研究内容について株式会社インテージは関与しておらず，内容の責任については筆者にのみ帰属する．

（クリーンディーゼル車・プラグインハイブリッド車・電気自動車なども含む）は，経済学者の観察できない未観察の選好が反映されている可能性が高いため，除いている．その結果，サンプルサイズは 29,603 となった．

まず回答者の人口属性について紹介する．表 2 はそれらの要約統計量である．平均年齢は約 49.3 歳（中央値は 49 歳）であった．これは「乗用車市場動向調査」（2019 年度）で調査されている「主運転者年齢」の平均年齢と近い値である（2019 年度は 51.6 歳）．購入者の 69.9%が男性であり，配偶者の有無についてはサンプルの 78.7%が既婚であった．前述の乗用車市場動向調査によれば，主運転者の男性比率は 52%であり，既婚者は 86%を占める．本調査では男性比率が高い．ただ，この乖離は，当該調査が購買の意思決定者ではなくドライバーに関する調査であり，購買の意思決定は金銭負担者になりやすい男性が多いことが原因で生じている可能性がある．本研究では自動車の購買時の

表 2　Car-kit データの人口属性に関する要約統計量

	マイクロ			マクロ
変数	平均値	標準偏差	中央値	平均値
性別 (男性，%)	69.9%	0.459	1	52%
年齢	49.311	11.663	49	51.6
未既婚 (既婚，%)	78.7%	0.410	1	86%
子供の有無 (あり，%)	54.1%	0.498	1	—
家族人数	3.100	1.333	3	—
世帯年収 Q1	0.053	0.225	0	—
世帯年収 Q2	0.174	0.379	0	—
世帯年収 Q3	0.324	0.468	0	—
世帯年収 Q4	0.449	0.497	0	—

注）世帯年収の区分は，Q1: 299 万円以下，Q2: 300 万円～499 万円，Q3: 500 万円～799 万円，Q4: 800 万円以上となっている．マクロデータは一般社団法人日本自動車工業会の調査に基づく「乗用車市場動向調査（2019 年度）」からデータ取得している．なお，マクロデータの人口属性（男女比率・年齢・婚約比率）は，自動車購入者ではなく，ドライバーの平均を示している点には注意されたい．

意思決定が重要であるので，その点はドライバーの男女比率と差が生じていても，大きな問題とはならない．そして，54.1%が子どものいる世帯であり，家族人数の平均値は3.1人であった．最後に，世帯年収は2020年の「国民生活基礎調査」によれば437万円であり，当該調査と比べると高所得者に偏っていることがわかる．ただし,「乗用車市場動向調査」も自動車保有世帯は高所得者層に偏っているとの調査結果を発表しており，日本全体の世帯年収よりは高所得に偏った分布になることは自然である．これらの統計量から，Car-kitデータの代表性が十分担保されているといえる．

自動車の属性情報は，Goo-net.comのホームページに記載されているカタログをウェブスクレイピングすることで入手した．Goo-net.comは，過去の自動車も含めた1,000種以上の国産車・輸入車のカタログ情報を公開している．この各自動車のカタログサイトから，すべての自動車の各グレードにおいての車種名・グレード名・販売開始月・販売終了月・新車のメーカー小売希望価格（円）・燃費（JC08モード，km/liter）・馬力（ps）・車体重量（kg）・エンジン形式などを抽出した．この作業から得られたデータを前述のCar-kitデータ，後述の自動車シェアの情報・実燃費情報と結びつけるために，グレードレベルからブランドレベルに集計した．これはCar-kitデータや自動車のシェア情報がグレードレベルでは集められておらず，ブランドレベルであるためである．とはいえ，消費者はブランドを決定したうえでグレードを決定するという意思決定プロセスを踏まえれば，自然な集計方法である．最終的に，すべての属性情報データにおける車種名にブランド名を付与し，ブランドごとに各月に販売されているグレードの属性情報の平均値をとることで，ブランドレベルの属性情報データを作成した．この属性情報データはブランド名によって，前述の人口属性データや後述の自動車シェア情報と紐づけられる．

また，両データに共通する自動車のシェアの情報に関するデータについても記述する．日本では乗用車と軽自動車の毎月の販売台数をそれぞれ一般社団法人日本自動車販売協会連合会（自販連）と全国軽自動車協会連合会（全軽自協）が集計・公表している．そのため，乗用車と軽自動車の双方の月次の各ブランドの販売台数を集め，月次の総販売台数を分母として，月ごとのシェアを計算する．なお，輸入車についてはブランドレベルではデータが公表されていないため，本研究では国産車を主たる対象とし、輸入車はアウトサイドオプションと位置づける．なお，日本における輸入車の比率は低く，推定結果には大きな影響を与えないと考えられる[8]．具体的には，乗用車の月次のブランドレベルの販売台数は，自販連が毎月発行している「自動車登録統計情報<新車編>」から入手した．軽自動車の月次のブランドレベルの販売台数については，全軽自協がホームページで速報および確報を公表している[9]．両方の販売台数について，確報を用いている．最後に，実燃費の情報を e-燃費（消費者が計測した実燃費情報を集計・公表するインターネットサイト）からウェブスクレイピングすることで取得した[10]．この実燃費データは先行研究 (Tanaka, 2020) でも用いられており，実燃費のデータとして，信頼性が高い．

本研究ではまず日本のマクロデータを用いた場合に，Grigolon et al. (2018) の結果と近くなるかどうかを行う．そのうえで，マイクロデータを用いた分析を実施する．そのため，シェアおよびカタログスペック

[8] 例えば，2016 年の外国メーカーの輸入車のシェアは，7.1％である（自販連）．

[9] 軽自動車のブランドレベルの販売台数は，全軽自協のウェブサイト（https://www.zenkeijikyo.or.jp/statistics/tushokaku）にて公表されている．

[10] e-燃費とは株式会社 IID によって運営されているウェブサイト（https://e-nenpi.com/）である．このデータは，ドライバーが自分の自動車の燃費を管理する目的で，専用のアプリにガソリンスタンドのレシートを撮影し，記録している燃費に基づいている．また，ガソリンのリアルタイムの価格・ガソリンスタンド情報のお知らせ・エンジンオイルなどの消耗品の交換時期を自動計算するサービスなどを同時に複合したサービスを展開している．同サイトは多くの自動車の平均実燃費・実燃費の分布などを公開しており，本研究はその情報をスクレイピングしている．

については，マイクロデータの要約統計量を説明するだけでなく，マクロデータにおいても要約統計量を記載し，両者を比較することで，マイクロデータの代表性についても検討する．

表3は本研究で用いるマイクロデータとマクロデータの平均値・標準偏差・中央値を比較している．まず，1行目のインサイドシェア（アウトサイドオプションを除いたシェア）については，マイクロデータにやや偏りが見られる．これは，前述のとおり，マイクロデータでは

表3　データの概要

	マイクロ			マクロ		
変数	平均値	標準偏差	中央値	平均値	標準偏差	中央値
インサイドシェア (%)	0.127	0.126	0.085	0.049	0.071	0.015
価格 (1万円)	310.731	125.458	295.015	328.231	285.299	228.492
カタログ燃費 (km/liter)	23.234	6.958	23.727	20.321	7.371	20.400
実燃費 (km/liter)	14.986	3.887	14.983	—	—	—
燃費の信念 (km/liter)	15.481	4.916	15	—	—	—
年間走行距離 (km)	7,338.609	5,407.091	5,400	6,398.126	326.041	6,361
期待寿命 (years)	8.635	4.272	7	7.1	—	—
割引率	3.436	1.852	2	—	—	—
馬力 (ps)	82.685	37.465	73	98.416	65.168	80
車体重量 (kg)	1,314.241	338.906	1,350	1,323.777	415.525	1,280
HEV ダミー	0.447	0.496	0	0.331	0.469	0

注）右3列のマクロデータは参考情報である．マイクロデータはCar-Kitデータに自動車登録統計情報と全軽自協のシェア情報，自動車のカタログ情報，e燃費の実燃費のデータをブランドレベルで統合している．マクロデータは，シェア情報およびカタログ情報をブランドレベルで統合している．マイクロデータの価格は取引価格であるが，マクロデータの価格はメーカー希望小売価格である．価格は月次CPIで調整されている．マクロデータの年間走行距離は，ソニー損害保険株式会社による「全国カーライフ実態調査」からデータを取得し，variatonは年ごとのみである．マクロデータの期待寿命は，一般社団法人日本自動車工業会の調査に基づく「乗用車市場動向調査（2019年度）」よりデータを取得している．マクロデータの場合は自動車の割引率は仮定によって置かれるため，ここでは表示されていない．なお，マイクロデータのインサイドシェアはCarKitデータのサンプルの数による重みは調整しておらず，単純にプーリングした平均である．

シェアの小さい自動車をサンプルから除いているためである[11]．2行目には価格を記載している．マイクロデータでは取引価格であるが，マクロデータではメーカー希望小売価格を集計している．価格は月次CPI（消費者物価指数）で調整されている．価格データについては平均値はほぼ一致しているが，中央値はマイクロデータの方が大きくなっており，標準偏差はマクロデータの方が大きくなっている．これはマクロデータの方が価格の安い車種を含んでおり，かつ価格の分布の裾野が広いことを意味している．

カタログ燃費（3行目）・馬力（9行目）・車体重量（10行目）については，マイクロデータとマクロデータに大きな差はない．マイクロデータの方がやや燃費のよい自動車と馬力の低い自動車，重量の重い自動車（中央値での比較）を多く含んでいる．年間走行距離（6行目）については，Car-kitデータの調査では12の区分に分けて調査されている．また月間平均走行距離という形で調査されている．そこで，本研究で使用する場合には，各区分で平均値（e.g., 区分3は200km以上300km未満であるので，250km）を取ったうえで，その月間平均走行距離の近似に12を掛けることで，年間走行距離としている．一方で，マクロデータは，自動車燃料消費量調査（国土交通省）における都道府県別の走行キロを各都道府県の保有台数で割ることで，1台あたりの都道府県レベルの走行距離を算出することで，得ている．マクロデータは都道府県レベルなので，標準偏差は小さくなっている．これらの平均値を比べると，マイクロデータの方がやや大きくなったが，比較的妥当な値となっている．

期待寿命（7行目）については，平均が8.6年となった．これは手放した自動車のモデルイヤーと購入車の契約年の差分を買い替えサイク

11　このサンプルバイアスをケアするために，マクロデータを用いた推定では，自動車の車種をマイクロデータに存在するものに絞った場合も検討した．その結果，推定結果は大きく変わらなかった．

ルとしている．なお，自動車の購入が初めての場合は,「乗用車市場動向調査」における平均買い替えサイクル7年を用いている．そのため，手放した自動車を過去に購入した際にモデルイヤーの古い自動車を購入した場合は，買い替えサイクルを実際よりも長く計算していることになる．一方で，日本の買い替えサイクルの平均は「乗用車市場動向調査」によれば平均7年である．また，割引率（8行目）については，2.2節で詳述するが，過去の先行研究が仮置きしていることに比較して，本研究で用いるデータでは割引率の異質性も捕捉できている．Car-kitデータは，支払い方法に関して．現金・ディーラーによるローン・銀行ローンなどであるかどうかを調査している．この主な3つの支払い方法に対して，現金に対してはAllcott and Wozny (2014) にならい，自動車を購入しなかった際の機会費用である金融資産運用における利率（2%）を当てがい，ローンについてはそれぞれの相場の利率（ディーラー：6%，銀行：3%）を想定した．本研究は従来の研究では考慮されていない自動車の買い替えサイクルと割引率の異質性も考慮している点がポイントの一つである．

最終行では，ハイブリッド自動車（HEV）の比率を比較する．日本はHEVの比率が高く，マクロデータによれば，本研究の対象期間内では，33.1%の車種がHEVである．一方で，Car-kitデータでは，HEV比率がやや多い．これがCar-kitデータで車体重量が重い自動車が多いが，同時に燃費のよい自動車が多い要因の一つでもある．一般に車体が重ければ，燃費は悪化する[12]．それがマイクロデータで当てはまっていないのは，ガソリン車よりも燃費がよいHEVが多いことが一因と考えられる．

[12] 5.2節で後述するが，実際に日本の燃費規制はAttribute-Based Regulationとよばれるような重量と燃費の負の関係性を考慮した制度設計がされている (Ito and Sallee, 2018).

2.1　3種類の燃費指標

この節では，第1章でも述べた3種類の燃費指標―カタログ燃費（表3の3行目）・実燃費（同表の4行目）・燃費の信念（同表の5行目）―について詳述する．

カタログ燃費と実燃費の平均的なギャップは，35.5%である．これは，同様のデータを用いているTanaka (2020)が報告した同ギャップ30.5%とほとんど変わらない値である．また，平均的には実燃費と燃費の信念はほとんど変わらない値である．つまり，消費者はカタログ燃費をほとんど信じてはおらず，平均的には購入時に実燃費と近い水準をかなり正確に予測している．それぞれの燃費指標の分布を見ても，補足の図A1のとおり，実燃費と燃費の信念には大きな差がない．しかし，各燃費指標と走行距離の関係性をみると，走行距離の長い消費者は購入者の燃費がより高燃費であると信じていることがわかる（図1（b））．各自動車のカタログ燃費や実燃費は走行距離との相関がないことは，Levinson and Sager (2021)とも整合的な結果である．しかし，消費者の信念はその使用実態に依存することがわかる．これは期待寿命においても同様の傾向が見られる．図A2はHEVにおけるカタログ燃費および燃費の信念と走行距離・期待寿命との関係を三次元でプロットしたものである．カタログ燃費（a）においてはそこまで強い相関は見られないが，燃費の信念（b）は走行距離と期待寿命が上昇するにつれて上がる傾向が見て取れる．

図2は実燃費（a）および燃費の信念（b）とカタログ燃費とのギャップを図示している．この図はx軸にカタログ燃費を取り，y軸にそれぞれ実燃費・燃費の信念をカタログ燃費で割った比率をとっている．右図の燃費の信念のグラフについては，14の選択肢から構成されるデー

図 1　各燃費指標と走行距離の関係（x 軸：走行距離の対数・y 軸：燃費指標）

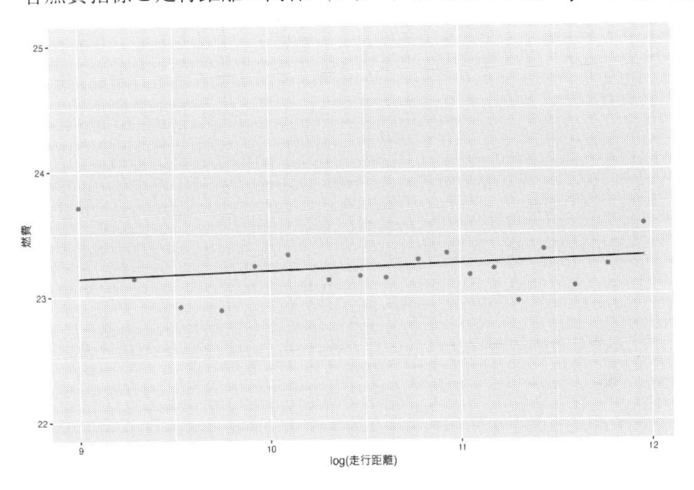

(a) カタログ燃費と走行距離の関係

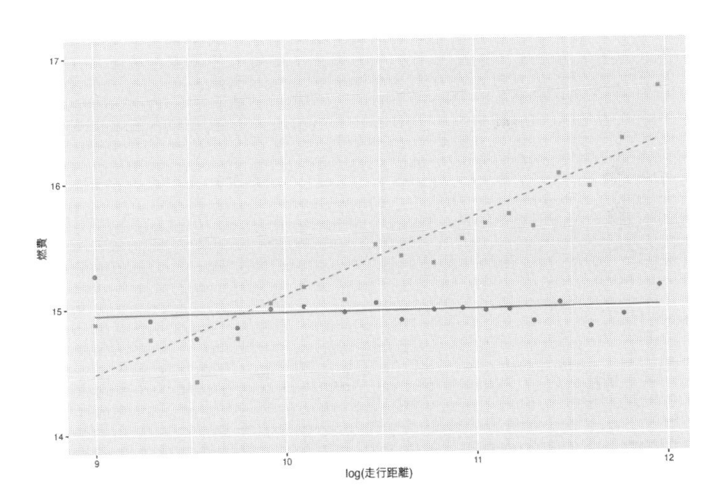

(b) 実燃費・燃費の信念と走行距離の関係
（実線が実燃費，点線が燃費の信念を示す）

図 2　実燃費・燃費の信念のカタログ燃費とのギャップ（x 軸：カタログ燃費, y 軸：実燃費あるいは燃費の信念をカタログ燃費で割った比率）

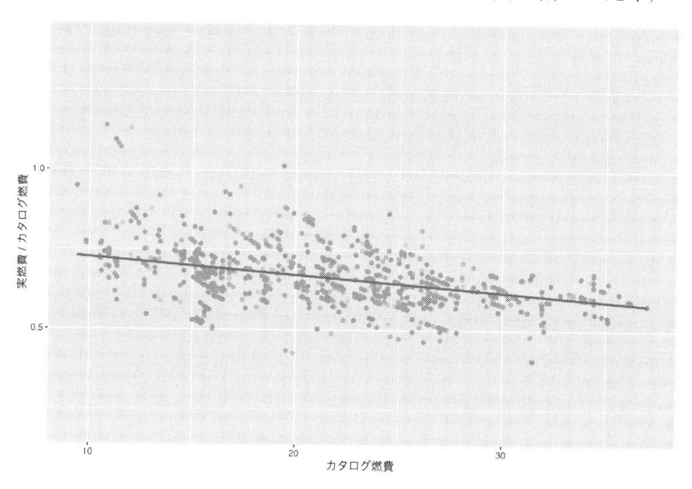

(a) 実燃費/カタログ燃費

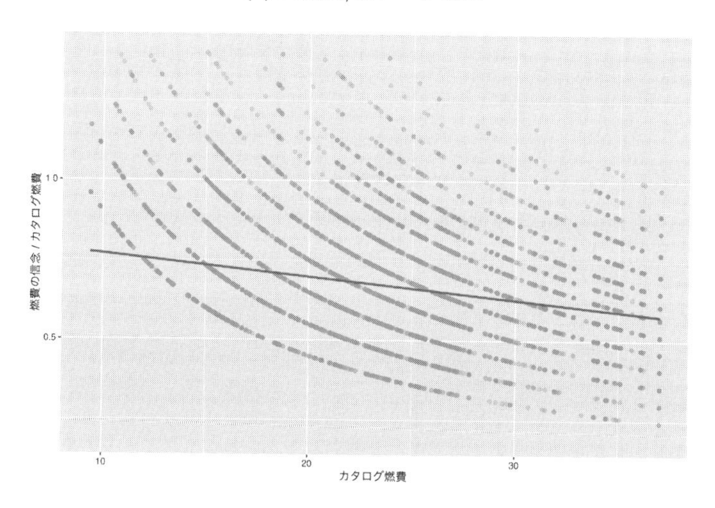

(b) 燃費の信念/カタログ燃費

タの特性上，波状のグラフになっている．左図の実燃費とカタログ燃費のギャップをみると，y 軸の実燃費／カタログ燃費が1を超えている，つまり「平均実燃費 > カタログ燃費」となっている自動車，はほとんどないことがわかる．そして，カタログ燃費が高くなるほど，実燃費とカタログ燃費のギャップは大きくなっていることも観察できる．一方で，右図の燃費の信念については，カタログ燃費が高くなるほど信念とカタログ燃費のギャップは大きくなる傾向は同様であるが,「信念 > カタログ燃費」となる消費者も一定数存在する．そして両者のバラつきを比較すると，燃費の信念とカタログ燃費のギャップのバラつきの方が，実燃費とカタログ燃費のギャップのバラつきよりも大きい．

2.2　将来燃料コスト

本節では，モデルの変数となる各個人の将来燃料コストの計算方法について記述する．将来燃料コストに関する推定値は本研究が最も関心をもつパラメータであり，その計算にあたっての仮定の妥当性などは重要である．初めに将来燃料コストの構築方法およびその構築における仮定について説明する．その後，本研究が先行研究と異なる点として，期待寿命と割引率の異質性を組み込んでいるため，それらについて議論する．

2.2.1　将来燃料コストの構築方法

まず，燃料コスト変数の構築方法について説明する．G_{ijt} を消費者 i の購入自動車 j に関して，時点 t で現在割引された将来の燃料コストと定義する．G_{ijt} は消費者の燃料消費と割引率に依存する．そこで，下記のように期待値で表現できる．

$$G_{ijt} = \mathbb{E}\left[\sum_{t=1}^{S_i}(1+r_i)^{-t} m_i e_{jt} g_{it}\right]. \tag{1}$$

ここで，r_i は消費者 i の割引率，m_i は消費者 i の期待される走行距離（キロメートル），e_{jt} は自動車 j の t 時点での燃費の逆数（リットル/キロメートル），g_{it} は時点 t に消費者 i が直面する燃料価格（円/リットル），S_i は消費者が予想する自動車保有期間である．つまり，$m_i e_{jt} g_{it}$ は消費者 i が時点 t に直面する年間消費燃料コストであり，それを現在割引した形で評価したものが，式（1）となる．本モデルの Grigolon et al. (2018) との違いは，割引率と自動車保有期間についても個人ごとに差があることを加味している点である．ここで，e_{jt} は，(後述する）認知効用と実現効用では異なる値を用いていることに注意が必要である．前者では消費者の認識している燃費を用い，後者では実燃費を用いる．

この式を推定可能な形に整理するために，二つの仮定を設ける．まず，消費者の走行距離 (m_i) は燃料価格に非弾力的であることを仮定する．過去の先行研究で消費者の走行距離は燃料価格に非弾力的であることは確かめられてきた (Small and Van Dender, 2007; Hughes et al., 2008; Gillingham, 2014)．消費者の近視眼性に関する文献では，これらの結果から走行距離の燃料価格に対する非弾力性を仮定することが一般的である．本研究では走行距離のデータが得られているため，実際に日本においても走行距離の燃料価格に対する非弾力性が成立しているかを検証できる．それらについては，補足の第 2.2 章でも検証されており，過去の先行研究通りの両者が非弾力的であるという結果が確かめられ，この仮定は十分に妥当であるといえる．

二つ目の仮定として，燃料価格のランダムウォーク性が課される．この仮定を課すことで，式 (1) の期待値を外せる．この仮定の妥当性は Anderson et al. (2013) によって確かめられている．Anderson et al. (2013) は，Michigan Survey of Consumers（MSC）が調査している「今後 5 年間でガソリン価格が上昇すると予測するか下落すると予測するか」という質問項目を用いて，消費者のガソリン価格の将来予想が現在の価格と等しいかどうかをテストしている．その結果，特別な価格ショック（例．2008 年の金融危機などの世界的な価格ショックあるいは地域の製油所の供給停止などの地域レベルの価格ショック）がなければ，自動車の需要推定で一般に仮定される本仮説が棄却されないことを示している[13]．本研究の期間（2016 年 1 月から 2019 年 9 月）は特定の価格ショックは含まず，価格の変動は 2008 年の金融危機などと比べれば，安定している．そのため，本研究では問題ないと考えられる．

これらの仮定を課すことで，式 (1) を下記のように単純化できる．

$$G_{ijt} = \frac{1}{r_i}\left[1-(1+r_i)^{-S_i}\right]\cdot m_i e_{jt} g_{it}. \tag{2}$$

上記の式の $\frac{1}{r_i}\left[1-(1+r_i)^{-S_i}\right]$ という項によって，年間の燃料費用をネットでの現在価値に換算している．

2.2.2　期待寿命

前節の第 2.2.1 章でも説明した通り，本研究は Allcott and Wozny (2014) や Grigolon et al. (2018) などの過去の先行研究とは異なり，自動車の寿命に関する異質性，つまり S_i の異質性，も加味している．そのデータの構築方法について，この節では説明する．本研究では期待寿命を構築する際に，自動車購入が初めての購入者と自動車の購入が 2

13　金融危機などがあっても，当該仮説は比較的成立している．ただし，Anderson et al. (2013) は 2 回以上調査に参加したサンプルに絞った分析によって，個人レベルの異質性が高いことも示している．その異質性の程度は，ほとんどが個人効果によって説明されるという．

図 3　期待寿命の分布

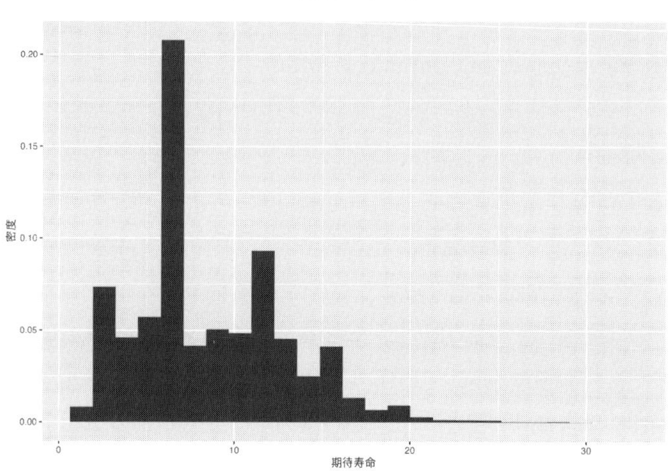

注）x 軸は自動車の期待寿命，y 軸は密度を示している．過去の購入履歴がある消費者については，過去に保有していた自動車の年式と今回購入した年の差をとっている．過去の購入履歴がない消費者については，日本の新車市場の平均的な期待寿命（7年）を参照すると仮定している．

回目以降（買い替え）である購入者，という二つの消費者に区分する．本研究のデータは，後者の買い替えの自動車購入者に対して，以前保有していた（今回買い替えられた）自動車のブランド・年式などを聞いている．そこで二つの仮定を課すことで，消費者の自動車に対する期待寿命（$\mathbb{E}[S_i]$）を計算できる．その二つの仮定は次のとおりである．(1) 自動車を買い替える購入者の新たな購入車の期待寿命は歴史依存性（history dependence）をもつこと，(2) 新規自動車購入者は国内の平均的な自動車寿命を期待すること，の二つである．具体的に説明すると，(1) については，後者の買い替えによる自動車購入者の期待寿命は，今回の購入年から以前の自動車の年式を引くことで算出することを意味する．一方で，(2) の消費者は自動車がどれくらい使用に耐えるかわからないと想定し，日本国内の平均的な買い替えサイクルである

7年を仮定する．その結果が，図3である．この図は期待寿命の密度分布を示している（横軸は年数・縦軸は密度）．上記の仮定から，必然的に7年という期待寿命の数が最も多い．一方で，10年以上継続して使用する消費者も一定数存在することがわかる．

2.2.3　割引率

割引率に関しては，Allcott and Wozny (2014) にならい，自動車ローンに関するデータを利用する．Allcott and Wozny (2014) は，2001年・2004年・2007年のアメリカのSurvey of Consumer Financesのデータを用いて，割引率を自動車ローンの利率と支払い方法および各支払い方法のシェアから概算している．彼らによれば，アメリカでは37%がローンで,63%がキャッシュであるという．そして，自動車のローンの平均的な利率は6.9%であり，キャッシュの場合は,機会費用を株式市場のリターンの利回り[14]であると考え,5.8%と考えている．この機会費用の利率に対して，シェアによる重み付き平均をとると,6.2%となるため，彼らはベースラインとして6%を想定している．Grigolon et al. (2018) もAllcott and Wozny (2014) の研究を参考に，2つのベースライン（6%，10%）を設定している．

本研究のデータは自動車購入に際しての支払い方法の調査も行っているため，Allcott and Wozny (2014) やGrigolon et al. (2018) のようにマクロデータで統一せずに，マイクロデータを用いることができる．つまり，先行研究とは異なり，自動車ローンに基づいた割引率についても，本研究では個人ごとの異質性を考慮している．表4にその分布を記載している．本研究が用いるマイクロデータによれば，52.07%の自動車購入者は現金一括購入であり，その他のファイナンス方法が47.93%である．この値は非常に妥当であり，日本自動車工業会「2019年度乗

14　Allcott and Wozny (2014) は代表的な利率として，1945年から2008年のS&P500の平均的な利回りを想定している．

表 4　平均的な割引率の計算

支払い方法	シェア	割引率
現金	52.07%	2.07%
ディーラーローン	38.89%	6.00%
その他	9.05%	3.00%

注）「その他」は，銀行・信販会社・クレジット会社・農業協同組合などによるファイナンスを含んでいる.「現金」の割引率の計算には，金融庁の『平成 28 事務年度 金融レポート』を用いて，日本人の資産の増加に関して，複利計算をすることで算出した平均的な利率を機会費用としている．これは Allcott and Wozny (2014) とほぼ同じ計算方法であり，同様の方法でアメリカの平均利率を計算すると，5.88%となる．「ディーラーローン」と「その他」の割引率については，日本では自動車ローンの利率に関する調査が存在しないため，相場の平均的な利率として，それぞれ 6%と 3%を想定する．

用車市場動向調査」の調査によれば，2018 から 2019 年の間では，現金一括購入が 57%であったという．この点でも本研究は十分代表性を有していることが確認できる．また．自動車ローンの利率に関しては，日本では十分に調査が行われていないため，相場によって calibrate している．各情報サイトなどから，ディーラーによるローンでは概ね 6%であり，銀行ローンは概ね 3%であると類推し，その値を設定している．また，現金一括購入の場合の割引率については，Allcott and Wozny (2014) と同じ考え方を採用し，自動車を購入しなかった場合の機会費用，つまり金融資産運用をした場合の利率を考える．この値は，金融庁の『平成 28 事務年度 金融レポート』を用いて，日本人の資産の増加に関して，複利計算をすることで，算出した．その結果 2.07%となり，Allcott and Wozny (2014) で示されているアメリカの 5.8%とは程遠い結果となった．しかし，筆者の採用した方法でアメリカのケースを計算すると，5.88%となり，筆者の計算方法は妥当であることがわかる．

日本の機会費用の利率が低い理由は，日本人の金融資産運用の割合の低さなどが起因していると考えられる[15].

15 他にも，日本人の金融資産フォートポリオ構成（国内・海外比率）や日本の株式市場上昇率なども要因の一部であると考えられるが，本研究の焦点ではないので深入りしない.

第3章 燃費に対する消費者の近視眼性における行動バイアスに関する理論的な考察

本章では，燃費に対する消費者の近視眼性における行動バイアスに関する理論的な考察を行う．具体的には，消費者の近視眼性のコンセプトを説明し，そのうえで行動バイアスのフレームワークを提示する．そのフレームワークの下で，ある消費者が低燃費の自動車 B から高燃費の自動車 A に買い替えるという単純化した問題設定を考える．この問題設定の中で，まず三つの燃費指標（カタログ燃費・実燃費・燃費の信念）の将来評価値について，理論的に期待される結果を示す．次に，燃費と走行距離の相関を考慮することで生じる理論的な帰結を示す．

前述のとおり，ある消費者が低燃費の自動車 B から高燃費の自動車 A に買い替えるという問題設定を考える．なお，単純化のために自動車 A と自動車 B は燃費以外の製品属性（重量や馬力など）は全く同じであるとしたうえで，供給側である自動車会社の値付けに関する行動変容は考えない（例えば，燃費のよい自動車については，実際には価格を安く設定するかもしれない）．つまり，ここでの価格は消費者の意思支払額（Willingness-to-Pay: WTP）に基づいており，製品属性の束であると考える．そうした設定の元，自動車の価格を p・燃料コストを G とする（添字はそれぞれ自動車の種類 A と B）．ここでは自動車 A の方が自動車 B よりも燃費が高いため，消費者の WTP は高いと仮定する．一方で，燃料コストの節約額は燃費が高くなるにつれて，安くなる．そのトレードオフを下記のように表現する．

$$p_A - p_B = \gamma \cdot (G_B - G_A)$$

左辺は消費者が自動車 B から自動車 A に買い替えた場合の WTP の変化を表しており，右辺は燃料コストの節約金額を示している．ここで，γ というパラメータを新たに考えている．このパラメータは自動車価格と燃料コストのトレードオフの程度を表現している．もし $\gamma = 1$ であれば，消費者は自動車価格と燃料コストのトレードオフを正確に判断できていることを意味する．一方で，$\gamma < 1$ の場合は消費者は燃料コストを過小評価していることになり，$\gamma > 1$ の場合には消費者は燃料コストを過大評価していることを示す．γ をこの文献では，消費者の自動車価格に対する燃料コストの評価の値として，消費者の近視眼性に関する将来評価値とよんでいる．

次に，行動バイアスを定式化する．ここでの行動バイアスとは消費者の認知を厳密に考えないことによって生じるバイアスである．具体的には，過去の先行研究では消費者はカタログ燃費をもとに判断することを仮定してきたが (Sallee et al., 2016)，本研究のデータが示すように，むしろ消費者の燃費認知は平均的には実燃費に近い．そして，後に詳述する図 4 のように，燃費の信念の分布は実燃費とも異なる．そこで，燃費指標を従来のカタログ燃費から平均的な実燃費や本来考慮すべき燃費の信念に変えた場合に，消費者の近視眼性に関する将来評価値がどう変わるかを理論的に検証する．本研究では，信念による誤差の行動バイアス（$\mathbb{E}[\Delta W_{BE}]$）を下記のとおりに定義する．

$$\mathbb{E}[\Delta W_{BE}] = \mathbb{E}[V^r] - \mathbb{E}[V^p] = \mathbb{E}[V(\gamma = 1, G = G^r) - V(\gamma = \tilde{\gamma}, G = G^p)] \tag{3}$$

ここで，V^r および V^p はそれぞれ実現間接効用・認知間接効用とする．間接効用関数は，将来評価値と燃料コストの関数である．実現効

図 4　実燃費・燃費の信念とカタログ燃費とのギャップの密度分布

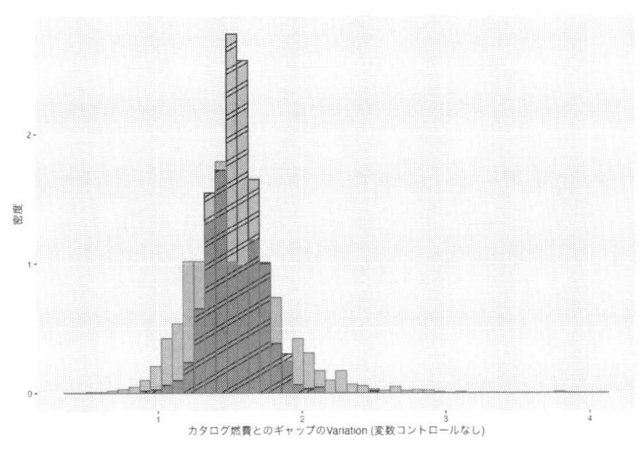

(a) 素データ

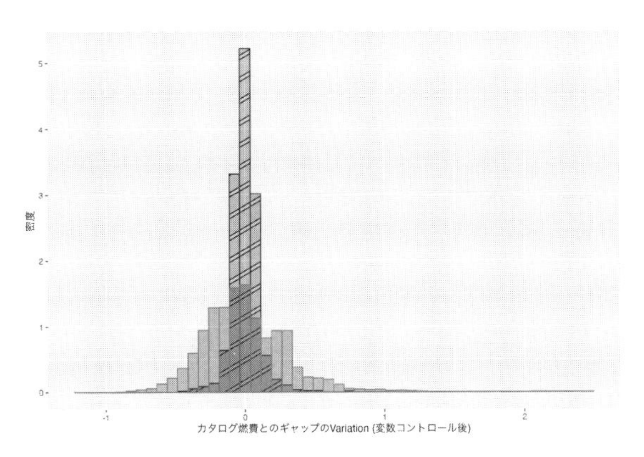

(b) 変数コントロール後

注）左図は変数をコントロールしない場合の実燃費および燃費の信念とカタログ燃費とのギャップの密度分布であり，右図は変数コントロール後の同様の密度分布である．ストライプの入っているヒストグラムはカタログ燃費と実燃費のギャップであり，何の柄も入っていないヒストグラムはカタログ燃費と燃費の信念のギャップである．

用関数では，消費者は正確に自動車価格に対する燃料コストのトレードオフを判断できていると考え，燃料コストは実際にかかる燃料コスト（G^r）になる．しかし，認知効用関数では，前述のトレードオフの正確性は消費者の将来評価値に依存し，燃料コストも消費者が認知している燃料コスト（G^p）になる．つまり，行動バイアスには，消費者の自動車価格と燃料コストのトレードオフの正確性（γ）と燃料コスト認知（G という）二つの源が存在する．この節では，前者の将来評価値（γ）について，燃費認知が変化した場合や燃費指標と走行距離の相関を考慮した場合の理論的な考察を展開する．

3.1 実燃費・燃費の信念とカタログ燃費の将来評価値

まずカタログ燃費の場合の消費者の近視眼性のコンセプトを定式化する．上記と同じ，自動車 A と自動車 B は燃費以外の製品属性は全く同じであり，A の方が B よりも高価格かつ高燃費である状況で，消費者が B から A に自動車を買い替える際の，自動車の価格と将来の燃料コストのトレードオフを考える．ここで，カタログ燃費の将来評価値を γ^c，カタログ燃費に基づいた将来燃料コストを G^c と定める．

$$p_A - p_B = \gamma^c \cdot (G_B^c - G_A^c) \tag{4}$$

ここで，消費者は，購買時に各自動車の平均実燃費を元に将来の燃料コストを認知していると仮定する．この場合，価格や製品属性は変わらないと想定する．その場合，実燃費を元にした将来燃料コスト G^o に関して，カタログ燃費を FE^c，実燃費を FE^o とした場合に，式 (2) を用いると，$G^o = G^c \cdot \frac{FE^c}{FE^o}$ という関係式を導ける．そして，実燃費の場合の自動車価格と将来の燃料コストのトレードオフについて，実燃

費の将来評価値を γ^o とすると，下記の式が成立する．

$$p_A - p_B = \gamma^o \cdot (G_B^o - G_A^o)$$
$$\Leftrightarrow p_A - p_B = \gamma^o \cdot (G_B^c \cdot \frac{FE_B^c}{FE_B^o} - G_A^c \cdot \frac{FE_A^c}{FE_A^o}) \tag{5}$$

式（4）と式（5）を整理すると，カタログ燃費と実燃費の将来評価値について，下記のような関係が成立する．

$$\frac{\gamma^o}{\gamma^c} = \frac{\left(\frac{FE_A^c - FE_B^c}{FE_B^c}\right)}{\left(\frac{FE_A^c - FE_B^c}{FE_B^o}\right) + \left(\frac{FE_B^c}{FE_B^o} - \frac{FE_A^c}{FE_A^o}\right)} \tag{6}$$

この式の分子は，手放した自動車 B に対する購入した自動車 A の燃費の改善比率を示している．分母の第一項は手放した自動車 B から購入した自動車 A の燃費の改善幅を自動車 B の実燃費から考えた比率であり，分母の第 2 項は自動車 A と自動車 B の実燃費とカタログ燃費のギャップの差を意味している．ここでは特に分母の第 2 項の実燃費とカタログ燃費のギャップの差分の調整項が問題になる．もしその項が無視できるほど小さい場合には（実際に図 2 が示すように，実燃費とカタログ燃費のギャップの分散は小さい），下記のようにカタログ燃費と実燃費の将来評価値の比率は元々保有していた自動車 B のカタログ燃費と実燃費のギャップに帰着する．

$$\frac{\gamma^o}{\gamma^c} = \frac{\left(\frac{FE_A^c - FE_B^c}{FE_B^c}\right)}{\left(\frac{FE_A^c - FE_B^c}{FE_B^o}\right) - \varepsilon} = \frac{FE_B^o}{FE_B^c} < 1 \tag{7}$$

燃費の信念についても同様の計算を行う．燃費の信念を元にした将来燃料コスト G^b に関して，カタログ燃費を FE^c，実燃費を FE^o とした場合に，式（2）を用いると，$G^b = G^c \cdot \frac{FE^c}{FE^b}$ という関係式を導ける．そして，実燃費の場合の自動車価格と将来の燃料コストのトレードオフについて，実燃費の将来評価値をγ^bとすると，下記の式が成立する．

$$\frac{\gamma^b}{\gamma^c}=\frac{\left(\frac{FE_A^c-FE_B^c}{FE_B^c}\right)}{\left(\frac{FE_A^c-FE_B^c}{FE_B^b}\right)+\left(\frac{FE_B^c}{FE_B^b}-\frac{FE_A^c}{FE_A^b}\right)} \tag{8}$$

実燃費の場合と同様に，分母の第2項は自動車Aと自動車Bのカタログ燃費と燃費の信念のギャップの差が表す調整項が問題となる．図2が示すように，実燃費とカタログ燃費のギャップの分散と比較して，燃費の信念とカタログ燃費のギャップの分散は大きい．その結果，分母の第2項が無視可能ではないかもしれない．もし無視可能ではない場合には，$\frac{FE_B^c}{FE_B^b}-\frac{FE_A^c}{FE_A^b}<0$（燃費の高い自動車$A$の燃費ギャップの方が自動車$B$のそれよりも大きいため）より，$\frac{\gamma^b}{\gamma^c}$は分母が小さくなることで1に近づくか$\gamma^b>\gamma^c$となる可能性もある．この大小関係は実証分析によって確かめられる必要がある．

実際に，実燃費とカタログ燃費のギャップと燃費の信念とカタログ燃費のギャップの密度分布を比較してみる．図4は，素データの密度分布(a)と後述の推定に用いている変数でコントロールした場合の密度分布(b)を示している．ストライプの入っているヒストグラムは$\frac{FE^c}{FE^o}$，つまりカタログ燃費と実燃費のギャップ，何の柄も入っていないヒストグラムは$\frac{FE^c}{FE^b}$，つまりカタログ燃費と燃費の信念のギャップをそれぞれ示している．この二つの図は共通して，カタログ燃費と実燃費のギャップよりもカタログ燃費と燃費の信念のギャップの方が分散が大きいことを意味している．(b)の変数をコントロールした場合の方が，両者の分散の違いが拡大している．これは$\frac{FE^c}{FE^o}$（カタログ燃費と実燃費のギャップ）は，実燃費が各自動車のブランドごとに同じであるため，各自動車のブランドの固定効果によって実燃費のバラつきの多くがコントロールされてしまうことに依る．これらの結果を命題として以下にまとめる．

命題 1（燃費指標ごとの将来評価値の大小関係）．γ を消費者の自動車価格に対する将来の燃料コストの評価（将来評価値）と定義し，添字 c, o, b をそれぞれカタログ燃費・（各自動車の平均的な）実燃費・燃費の信念による評価であるとする．その場合,「実燃費とカタログ燃費の分散 $<$ 燃費の信念とカタログ燃費の分散」であることから，以下の関係が導かれる．

$$\frac{FE^o}{FE^c} \approx \frac{\gamma^o}{\gamma^c} < \frac{\gamma^b}{\gamma^c} = \frac{FE^o}{FE^b - \zeta}, \tag{9}$$

ζ は任意の無視できない値である．この結果，$\gamma^o < \gamma^c$ となる．また，γ^b と γ^c の大小関係は実証的にテストされる必要がある．

本節の最後に，理論が導き出す結果の直感的なイメージを図 5 で示している．将来評価値，γ は式（4）や式（5）が示すように，将来の燃料コストが変化した場合の消費者の WTP の変化の傾きと見做すことができる．そこで，実燃費とカタログ燃費の将来評価値の関係性，$\gamma^o < \gamma^c$，は図 5(a) のように考えられる．実線はカタログ燃費の自動車価格と将来の燃料コストのトレードオフを示している．点線は実燃費の場合を示す．$\gamma^o < \gamma^c$ であるので，実燃費の方が傾きが小さくなる．一方で，燃費の信念についてはカタログ燃費の将来評価値との大小関係は不明であるため，図 5(b) では，破線（$\gamma^b > \gamma^c$）と点線（$\gamma^b < \gamma^c$）の両方のケースを図示している．

図 5　将来評価値の関係性に関するイメージ

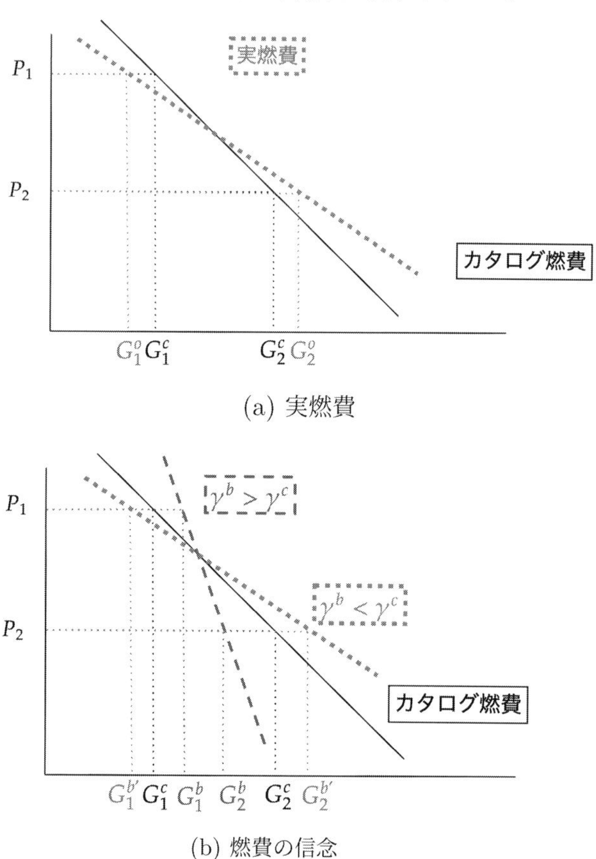

(a) 実燃費

(b) 燃費の信念

3.2　燃費と走行距離の相関が引き起こす将来評価値の変化

もし本節で議論してきたフレームワークのように同一個人の自動車の買い替えが観察できるならば，理論的に燃費と走行距離の相関が意味することは，環境経済学の自動車に関する研究で知見の蓄積があるリバウンド効果といえる．Gillingham et al. (2016) の整理によれば，リバウンド効果には主に二つある．リバウンド効果に関する文献の大部分を占めるのは，走行距離に対する燃料価格の弾力性である．この一つ目のリバウンド効果はないあるいはあったとしても限りなく小さい効果であるというのが定説である．実際にこのリバウンド効果については，本研究の補足の第 2.2 節でも示しているように，走行距離に対して燃料価格は非弾力的であるという結果が得られている．一方で，過去に十分に検討されていないリバウンド効果がある．それが燃費の改善の走行距離に対する弾力性である．従来は燃料価格と燃費改善は走行距離に同様の効果を与えると考えられてきたが，近年の研究ではそうではない可能性が探られている (Linn, 2016; Yoo et al., 2019).

例えば，Linn (2016) は 1％の燃費改善によって 0.2〜0.4％の走行距離の増加が観察されるという結果を報告している．彼の研究では，従来の研究が暗黙に課してきた三つの仮定,（1）燃費と自動車や人口属性との相関が無視されていること,（2）複数保有家計の保有している自動車が分析上独立とされていること,（3）ガソリン価格の上昇と燃費改善の走行距離への効果が反比例関係にあると仮定されていること，を緩和することの重要性が強調されている．本研究が特に注目したい点は，最後の三つ目の仮定である．本研究は消費者の購買時の行動に注目している．その中で将来評価値は，燃料コストの節約額に対する自動車への WTP の変化の割合であると説明した．この燃料コストの節約額の評価時点ではガソリン価格の評価は比較対象である自動車 A と自動車 B では変わらない．そのため，消費者の近視眼性を考えるうえでより重要な点は，後者の燃費改善によるリバウンド効果である．Linn (2016) は，三つ目の仮定を緩める手段として，燃料価格と燃費改善によるリバウンド効果を分けて，OLS（Ordinary Least Squares）と IV 推定（Instrumental Variables Estimation）によって推定しており，いずれも燃料価格には非弾力的だが燃費改善には弾力的である（つまり，燃費が改善すると走行距離が増加する）という結果を得ている．

本研究の扱うデータはパネルデータではなく，Cross-Sectional なデータであるため，厳密にリバウンド効果を示すことにはならず，燃費と走行距離の相関にとどまるが，考え方は同様である．つまり，高燃費の自動車を購入する消費者の方が走行距離が長くなる傾向にあるということである．この結果，理論的に消費者の近視眼性の値が小さくなることを以下で示す．過去の先行研究の中でも，Grigolon et al. (2018) は走行距離の異質性を取り入れてはいるが，燃費と走行距離の相関関係は考慮していない．本研究はその相関こそ重要であることを示す．

消費者が低燃費の自動車 A から自動車 B に買い替えた場合のリバウンド効果によって生じる走行距離の増加を $\eta > 1$ とすると，消費者の近視眼性は下記のとおり表せる．

$$p_A - p_B = \gamma \cdot (G_B - \eta \cdot G_A) \tag{10}$$

$\eta > 1$ であるため，右辺の $(G_B - \eta \cdot G_A)$ が小さくなることで，γ は増加する．つまり，この相関を無視していた過去の先行研究は本来よりも大きな消費者の近視眼性の値を報告していたことになり，そのバイアスにより過小推定（underestimate）していた可能性を示唆する．

命題 2（燃費と走行距離の相関関係による将来評価値への影響）**.** 燃費指標と走行距離の相関関係を考慮した場合には，その相関関係を考慮しなかった場合と比べて，将来評価値は大きくなる．つまり，当該相関関係を無視することは，過小評価バイアスを生じる．

証明. 燃費指標と走行距離の相関がない場合は消費者が自動車を買い替えても走行距離が変わらない．この走行距離を m とする．一方で，相関がある場合の走行距離は自動車 B から自動車 A に買い替えると，m から m_A に増加する（$m_A > m$）と想定する．前者（相関なし）の場合の買い替えによる節約額と将来評価値をそれぞれ $G_B^{NC}-G_A^{NC}$ および γ^{NC}，後者（相関あり）の場合を $G_B^{CO}-G_A^{CO}$ および γ^{CO} とすると，式（2）を用いて，

$$G_B^{NC}-G_A^{NC}=R\cdot m\cdot g\left(\frac{1}{FE_B}-\frac{1}{FE_A}\right)$$

および

$$G_B^{CO}-G_A^{CO}=R\cdot m\cdot g\left(\frac{1}{FE_B}-\frac{m_A}{m}\frac{1}{FE_A}\right)$$

となる（$R=\frac{1}{r}\left[1-(1+r)^{-S}\right]$）．

ここで自動車への WTP の差額（p_A-p_B）は変わらないので，

$$\gamma^{NC}\cdot\left(\frac{1}{FE_B}-\frac{1}{FE_A}\right)=\gamma^{CO}\cdot\left(\frac{1}{FE_B}-\frac{m_A}{m}\frac{1}{FE_A}\right)$$

$$\Leftrightarrow\quad \frac{\gamma^{CO}}{\gamma^{NC}}=\frac{\left(\frac{1}{FE_B}-\frac{1}{FE_A}\right)}{\left(\frac{1}{FE_B}-\frac{m_A}{m}\frac{1}{FE_A}\right)}$$

$m_A>m$ であるため，$\left(\frac{1}{FE_B}-\frac{1}{FE_A}\right)>\left(\frac{1}{FE_B}-\frac{m_A}{m}\frac{1}{FE_A}\right)$ となる．つまり，$\eta=\frac{m_A}{m}$（>1）であり，$\frac{\gamma^{CO}}{\gamma^{NC}}>1$ である．その結果，$\gamma^{CO}>\gamma^{NC}$ がいえる．

なお，各燃費指標と走行距離の相関関係は，図 1 に示されている通りである．実際の推定で使用する変数をコントロールしても，図 6 のように，その関係性は同様である．

図 6　各燃費指標と走行距離の相関関係

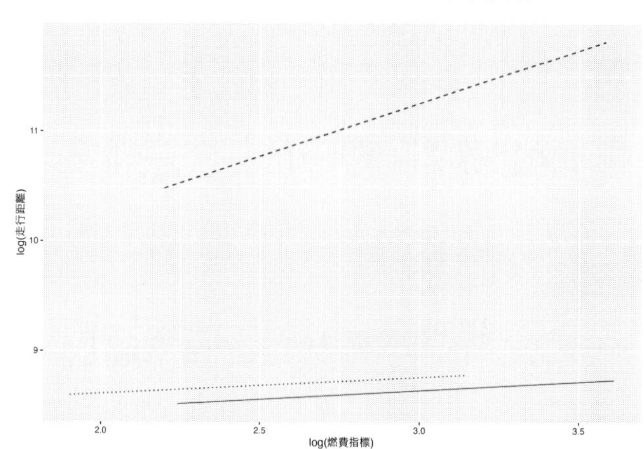

注）x 軸は自動車の燃費の log，y 軸は走行距離の log を示している．実線・点線・破線はそれぞれカタログ燃費・実燃費・燃費の信念の関係性を示している（単純な回帰分析のプロットである）．

第4章 モデル

本章では，消費者に関する二つのモデルについて説明する．この研究では，厚生分析のために，先行研究 (Allcott, 2013; Allcott and Greenstone, 2022; Leard et al., 2021) にならい，認知効用（perceived utility）と実現効用（realized utility）を区別する．これらを区別することで，行動バイアスである信念による誤差（belief error）については，下記のように表現できる．ここでは特に，行動バイアスは γ（将来評価値）と G（将来の燃料コスト）の二つのバイアスの源から生じると考える．その結果，上記の二つのパラメータの関数として，効用関数を記述できる．

$$\mathbb{E}[\Delta W_{BE}] = \mathbb{E}\left[V(\gamma = 1, G = G^r) - V(\gamma = \gamma, G = G^p)\right]. \tag{11}$$

ここで，$V(\gamma = 1, G = G^r)$ は実現効用を意味する．G^r は実際に負担する将来の燃料コストであり，$\gamma = 1$ はその実現する将来の燃料コストを消費者が正確に判断していることを意味する．一方で，認知効用 $V(\gamma = \gamma, G = G^p)$ は，G^p という消費者が認知している将来の燃料コスト，$\gamma = \gamma$ は消費者の自動車価格に対する将来の燃料コストの評価という二つのバイアスに依存する．

この理論的なフレームワークに基づく行動バイアスを定量的に評価するにあたって，BLP（Berry-Levinsohn-Pakes）モデル (Berry et al., 1995) にならって，間接効用を特定化する．まず認知間接効用関数について説明する．認知効用は実際に推定するモデルでもあるが，消費者が実際に認知している燃料コストを用いる．本研究では，Anderson et al. (2013) や Grigolon et al. (2018) と同様のモデルを採用する．消費者 $i \in I$ は，

市場 $t \in T$ において，製品 $j \in J$ を選択する．ここでの市場は日本全体であり，月ごとに市場が区分されている．消費者は自動車を 1 台しか購入しないものとする[16]．消費者が自動車を購入しない場合には，消費者は Outside Goods である $j=0$ の製品を選択したと考える．本研究などのモデルが Berry et al. (1995) などの標準的な需要推定モデルと異なる特徴として，消費者は購入時点で自動車の購入価格, p_j, に加えて，割り引かれた将来の燃料コスト, G_{ij}, を考慮する点である．したがって，消費者 i の間接認知効用は下記のとおりに表せる．

$$
\begin{aligned}
V_{ijt}^{p} = -\alpha_i \left(p_{ijt} + \gamma \cdot G_{ijt}^{p}\right) + \boldsymbol{\beta}^{X} \cdot \boldsymbol{X} + \boldsymbol{\beta}_{\alpha}^{D}(p_{ijt} \cdot \boldsymbol{D}) \\
+ \boldsymbol{\beta}_{\gamma}^{D}(G_{ijt}^{p} \cdot \boldsymbol{D}) + \delta_j + \lambda_t + \varepsilon_{ijt}. \qquad (12)
\end{aligned}
$$

ここで，p_{ijt} は自動車の取引価格，G_{ijt}^{p} は消費者 i の認識している燃料コスト，$\boldsymbol{X}$ は自動車 j の製品属性ベクトル（車両重量・馬力・排気量），δ_j は研究者には観察されない製品属性であり，ε_{ijt} は誤差項を示している．$\boldsymbol{D}$ は人口属性であり，年齢と収入を含む．パラメータについては，α_i は消費者の価格に対する評価を示し，$\boldsymbol{\beta}^{x}$ は製品属性に対する選好を捕捉している．γ は Allcott and Wozny (2014) や Grigolon et al. (2018) にならい，燃料コストの将来評価に関するパラメータと解釈する[17]．もし $\gamma=1$ であれば，消費者は自動車の購入価格に対して，将来の燃料コストを正確に評価しているといえる．$\gamma>1$ であれば，消

---

16 この仮定は一般的である．ただし，近年自動車の複数保有については，Wakamori (2015) や Archsmith et al. (2020) などが研究を行っている．複数保有を考慮する場合には，自動車の財としての補完性について考える必要が出てくる．アメリカのカリフォルニア州のデータを用いた Archsmith et al. (2020) は，複数保有を考えることで社会厚生などに影響が生じる可能性を示唆している．乗用車複数保有世帯比率は，日本：35.1%（2019 年度乗用車市場動向調査），アメリカ：59.1%（2020, U.S. Census Bureau）である．日本はアメリカほど複数保有世帯は多くないので，アメリカほどのインパクトはないと考えられる．

17 γ に関しても，価格パラメータ同様に個人レベルの異質性を加味した γ_i を推定することも将来的な拡張として考えられる．

費者は将来コストを過大評価しており，反対に$\gamma < 1$であれば，消費者は将来コストを過小評価していることになる．

マーケットシェア関数は，誤差項ε_{ijt}にType-I極値分布を仮定することで，式（12）を用いて，下記のようにロジットフォームで書き表せる．

$$s_{ijt} = \frac{e^{V_{ijt}^{p}}}{1+\sum_k e^{V_{ikt}^{p}}}$$

実現効用においては，燃料コスト以外は式(12)と等しい．つまり，実現効用は認識している燃料コストから実現した燃料コストに置き換えることで得られる．

$$\begin{aligned} V_{ijt}^{r} = &-\alpha_i \left(p_{ijt} + 1 \cdot G_{ijt}^{r} \right) + \boldsymbol{\beta}^{X} \cdot \boldsymbol{X} + \boldsymbol{\beta}_{\alpha}^{D} (p_{ijt} \cdot \boldsymbol{D}) \\ &+ \boldsymbol{\beta}_{\gamma}^{D} (G_{ijt}^{p} \cdot \boldsymbol{D}) + \delta_j + \lambda_t + \varepsilon_{ijt}. \end{aligned} \tag{13}$$

式(12)からの変更点は，γを1に，G_{ijt}^{p}をG_{ijt}^{r}に置き換えただけである．なお，式(13)は実際に観察される効用ではなく，あくまで反実仮想的に計算される効用であることに留意されたい．

上記の認知間接効用関数・実現間接効用関数を用いることで，式(11)は下記のように定量的に評価できる形となる．

$$\mathbb{E}[\Delta W_{BE}] = \mathbb{E}\left[\sum_j \frac{1}{\alpha} \ln(\exp(V_{ijt}^{r}) - \exp(V_{ijt}^{p})) \right]. \tag{14}$$

もし$\mathbb{E}[\Delta W_{BE}] > 0$であれば，消費者が購買時の意思決定において内生化できなかった厚生便益が存在し，逆に$\mathbb{E}[\Delta W_{BE}] < 0$であれば，消費者が購買時の意思決定において内生化できなかった厚生ロスが存在することを意味する．ここでV^{p}は，燃費の信念に基づいて算出される将来の燃料コストに依存し，V^{r}は平均的な実燃費に基づいて算出さ

れる将来の燃料コストに依存する．したがって，式 (14) が生み出す平均的な行動バイアスは，式 (12) にて推定された γ と，燃費の信念と実燃費のギャップから生じることがわかる．

第 5 章
推定方法

本章では，前章のモデルの推定方法について議論する．初めに，実際に推定するモデルについて説明したうえで，識別戦略について述べる．

5.1 推定モデル

BLP 型の構造需要推定を行う．BLP のフレームワークでは，本来ランダム係数モデル（Random Coefficient Model）を用いる．ランダム係数モデルとは，関心のあるパラメータ（例えば，財の特性）の個人レベルの異質性を加味するモデルであり，需要推定における無関係な選択対象からの独立性（Independence of Irrelevant Alternatives: IIA）とよばれる問題を回避するために用いられる．このモデルの推定では，縮小写像定理（Contraction Mapping Theorem）による不動点の存在がユニークな解の存在を保証しており，最終的に一般化モーメント法（GMM）で推定を行う．ただし，このランダム係数モデルの推定において，一般的に知られているのは，内生変数が一つのケースである[18]．実際に，Grigolon et al. (2018) は価格のみを内生変数，将来の燃料コストを外生として，ランダム係数モデルの推定を行っている．彼らの研究はマクロレベルのデータを用いた推定であり，将来の燃料コストは製品ごとの燃費・ガソリン/灯油の空間および時系列的なデータのバラつきしかもたないため，当該変数が何らかの未観察な要因とシェアが内生性を

[18] BLP 型の構造需要推定では，シェアと価格の同時決定による内生性が生じるために，価格が内生変数となってしまう (Berry, 1994; Gandhi and Houde, 2019).

持ちうることは想定されていない．しかし，本研究の場合，将来の燃料コストの計算において，消費者の燃費認知という消費者レベルでバラつきをもつデータを用いる．この場合，将来の燃料コストと何らかの未観察な要因が相関を持ちうるため，この研究では価格・将来の燃料コストという二つの内生変数を考える必要が生じる．内生変数が複数存在する場合の，ランダム係数モデルの推定については，現時点で本研究がアプローチできる範囲を超えているため，本研究では簡便な形でロジットモデルによるBLP型の構造需要推定を行う．その結果，実際に推定するモデルは下記のとおりになる（ここでは推定方法と同時に，推定パラメータも簡便化されており，異質性を加味した α_i の代わりに α を推定している）．

$$\ln(s_{ijt}) - \ln(s_{i0t}) = -\alpha\left(p_{ijt} + \gamma \cdot G^p_{ijt}\right) + \boldsymbol{\beta}^X \cdot \boldsymbol{X} + \boldsymbol{\beta}^D_\alpha (p_{ijt} \cdot \boldsymbol{D}) + \boldsymbol{\beta}^D_\gamma (G^p_{ijt} \cdot \boldsymbol{D}) + \delta_j + \lambda_t + \varepsilon_{ijt}. \tag{15}$$

ここで内生変数となるのは，価格（p_{ijt}）と将来の燃料コスト（G^p_{ijt}）となる．また，将来評価値は，価格の限界的な価値と将来の燃料コストの限界的な価値の比率であるので，$(-\gamma \cdot \alpha + \beta^D_\gamma \cdot \mathbb{E}[D])/(-\alpha + \beta^D_\alpha \cdot \mathbb{E}[D])$ となる．内生変数が生み出す推定上のバイアスをケアするために，操作変数法を用いる．操作変数法による識別戦略については，次章で議論する．

5.2 識別戦略

構造推定による需要推定では，価格の内生性への対処が必要とされる．そのため，操作変数（Instrumental Variables: IV）を用いた識別戦略を採用する．本研究では価格と将来燃料コストという二つの内生変数に対して，それぞれ操作変数を考える必要がある．まず，価格に関する内生変数としては，4種類の操作変数を採用している．一つ目は，BLP型の構造需要推定では一般的に用いられるような，財の特性の違いを生かしたBLP型の操作変数を用いる．二つ目も構造需要推定では見かけられるコストシフターに関する操作変数を作成している．三つ目は本研究独自のAttribute-Based Regulation（ABR）型の操作変数を用いる．最後に，自動車価格への選好を示すIVを用いている．以後はそれぞれ，BLP-IV，Cost-IV，ABR-IV，Preference-IVとよぶ．もう一つの内生変数である将来の燃料コストに対する操作変数としては，2種類の操作変数を考える．まず一つ目は，燃費への選好を示すIVであり，二つ目は自動車の購買目的に関するIVを用いる．こちらについても，以後はPreference-IV，Heavy-User-IVとよぶ．

まず，BLP IVの作成方法はBerry et al. (1995) にならい，消費者が購入した各製品の属性についての操作変数を使う．具体的には，(1) 同じ企業の他の製品の製品属性の合計，(2) 他の企業の製品属性の合計を用いる．これらの操作変数は，差別化材のマークアップに影響を与え，その結果として価格の操作変数として機能する．

次に，二つ目の操作変数であるコストシフターもこの文献では価格の内生性に対処する操作変数として広く用いられている．例えば，シリアルの需要推定を行っているNevo (2001) は小売店の賃金を操作変数として加えている．また，Grigolon et al. (2018) は生産国の労働コストと生産国と販売国が同じかどうかのダミー変数，車両の重さと鉄価格の交差項を加えている．本研究でも同様の発想で，コストシフターについての操作変数を加える．従来の研究と異なるのは，本研究が企業レベルやエンジンレベルでのより厳密な形でコストシフターを考えている点である．コストシフターを労働コストと材料コストに分けて考え，労働コストとしては企業レベルの月次のvariationを組み込み，材料コストとしてはエンジンレベルの月次のvariationを考慮している．具体的には，労働コストについては，企業ごとの生産国の生産量における割合で賃金の重み付けをしている．例えば，2016年7月に生産したトヨタ自動車の生産国の割合は，日本：42.1%・中国：12.5%・アメリカ：11.8%・タイ：6.5%・インドネシア：4.47%・カナダ：4.25%などとなっている．月次の各国の賃金を当該月の為替レートで日本円に換算した金額を，この生産国割合で月ごとに重み付けすることで，労働コストを算出している．材料コストについても，似たような方法で算出している．ここでは，エンジンタイプ別（ICE・HEV）の材料割合をArgonne National Laboratoryの資料をベースに計算する．この材料割合は月次や年次レベルのデータを取得できなかったので，本研究の期間内では一定としている．そのうえで，16種類の材料について月次レベルの価格データを取得し，それらを当該月の為替レートで日本円に換算した金額を算出し，材料割合で重み付けしたうえで，1 kgごとの材料コストをエンジンタイプ別に月ごとに計算する．それを各車両の重さと掛け合わせることで，車両ごとの材料コストとする．

三つ目のABR-IVの着想はIto and Sallee (2018)から得た．彼らは日本の燃費規制について，燃費と車両の重さの2つの製品属性に基づいた規制になっていることに注目し，その規制がもたらす歪みについて，理論・実証の両面から検証した．日本の燃費規制について図示したものが，図7である．黒いステップ関数が2020年の燃費基準でありガソリン車（ICE）が丸・HEVが三角のマーカーでプロットされている．マーカーの大きさはマーケットシェアを示している．この図からもわかるように，ほとんどのHEVは2020年の燃費基準を余裕を持ってクリアしている一方で，ガソリン車は僅かな差で達成している車種や達成できていない車種が多い．この燃費規制をクリアすると，税制や補助金の面で優遇を受けられるため，自動車メーカーにはこの基準を達成するように自動車を設計する動機付けが与えられる．この基準となるカットオフ値を超えて設計する際に，規制が歪みをもたらす．というのも，図7からも類推できるように，自動車メーカーは燃費を改善すること

図 7　ABR の図示

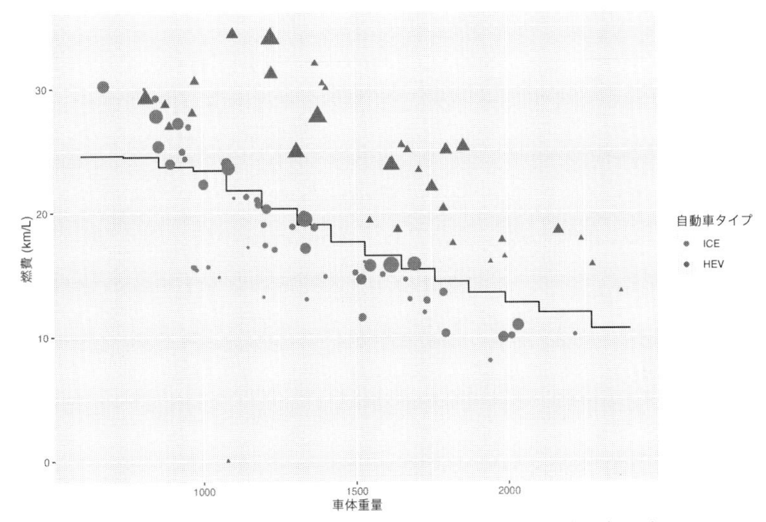

注）黒いステップ関数が 2020 年の燃費基準であり，ガソリン車（ICE）が丸のマーカー・ハイブリッド車（HEV）が三角のマーカーでプロットされている．マーカーの大きさはマーケットシェアを示している．

でカットオフ値を超えられるが，一方で自動車の車体重量を引き上げることでもカットオフ値をクリアできる．本研究ではこの規制のフレームワークを操作変数に利用するだけであるが，Ito and Sallee (2018) が示しているように，2012 年の燃費基準では，この補助金のカットオフ値を超えるように自動車メーカーが車両を設計した傾向があることが明らかにされており，しかもそのクリアの仕方が必ずしも燃費だけではなく重量の引き上げによってもなされていることが明らかにされている（Ito and Sallee (2018) の図 5 を参照）．

このカットオフ値を越えれば，自動車メーカーは税制や補助金の恩恵を受けられるので，当該車両の価格を安くする可能性がある．価格が安くなれば，当然当該車両の販売量にはプラスに働く．自動車メーカーがこのカットオフ値を超えるように製品属性を操作するのは，実際の小売店での販売価格で恩恵を受けるためであるので，価格を通じてシェアに影響を与えることが想定され，直感的には除外制約を満たしていると考えられる．このロジックから，本研究では，ABR 規制のカットオフ値を超えている車種は 1 をとるダミー変数を作成し，この規制が価格を通じてシェアに影響している様子を操作変数として利用する．

価格に関する最後の操作変数である Preference-IV について議論する．上記の操作変数はすべて，自動車の各月のブランドレベルの変動しか説明できない．つまり，同じ月に同じブランドの自動車を購入した消費者の間の価格の変動を説明できない．価格と誤差の相関をケアするために，価格と相関を持ちながら誤差と無相関（直接被説明変数であるシェアに影響を与えない）である変数を操作変数として用いる必要がある．Preference-IV は，消費者の自動車価格への選好を表す変数であり，消費者が自動車を購入する際に最も気に入った項目として価格を選んだ場合に 1 をとるようなダミー変数として作成している[19]．当然ながらこの操作変数は価格とは相関をもつ．価格に強い関心をもつ消費者は販売会社やディーラーとの価格交渉で，価格への関心が薄い消費者と比べて強いバーゲニング・パワーをもつ可能性は十分に高い．加えて，Preference-IV は価格の選好の程度を示す変数であることから，基本的には価格変数を通じてシェアに影響を与える．もちろん，誤差との相関がないかどうかは確かめようがないが，論理的には操作変数として機能することが考えられる．

本研究の識別戦略における最大の課題の一つである，将来の燃料コストの内生性のケアを考える．前述のとおり，識別のために，二つの操作変数を考える．一つ目は価格の内生性の四番目の操作変数と同様の選好を示す Preference-IV である．ここでは消費者がある自動車を選

---

[19] 主要な最も気に入った項目としては，スタイル（24.8%），燃費（10.5%），安全性（6.8%），価格（6.4%），室内の広さ（6.3%）などである．

んだ最大の理由として，燃費を選んだ消費者を 1 とするダミー変数を操作変数としている．二つ目は本研究の用いるデータが取得している購買目的に関する質問項目を用いる Heavy-User-IV である．具体的には，購買目的が通勤通学・仕事の場合に 1 をとるダミー変数を用いている[20]．自動車の燃料消費量が最も多いと考えられる購買目的をもつ消費者は，毎日一定の距離を走る通勤通学や仕事での使用を行う消費者である．つまり，このヘビーユーザーである消費者層は燃費に強い関心を持っているはずであり，少ない燃料コストになる高燃費の自動車を購入する可能性は高い，その結果シェアに影響していると考えられ，Preference-IV と同様に燃料コストを通じて被説明変数に働きかけることが想定される．

データからは，除外制約を検証することはできないが，相関（relevance）があるかどうかを確認することはできる．まず，価格に関する Preference-IV（バツ印）については，図 8 が示すように，価格（x 軸）が上がるにつれて，自動車の評価ポイント（y 軸）ではなくなっていく様子がわかる．一方で，燃費に関する Preference-IV（丸印）は，価格とは相関がないこともわかる．中程度の価格帯で高燃費の乗用車が最も多いことからも，燃費に関する Preference-IV が図 8 で価格の上昇につれて山なりになっていることは妥当である．同様に，Preference-IV と燃費の関係性を議論する．図 9 はその関係性を示した図であり，三つある燃費指標のうち，カタログ燃費と燃費の信念について，それぞれと Preference-IV の関係性を図示している．図 9(a)（カタログ燃費）についても図 9(b)（燃費の信念）についても同様の傾向が見て取れるが，燃費に関する Preference-IV（丸印）は燃費（x 軸）の上昇に合わせて増加しており，正の相関が見られる一方で，価格に関する Preference-IV（バツ印）は相関が見られないことがわかる．

---

20 主要な購買目的としては，通勤通学・仕事（36.3%），買い物（30.2%），レジャー（8.02%），運転自体を楽しむ（6.6%），家族の送り迎え（6.6%）などである．

図 8　Preference-IV と価格の関係性

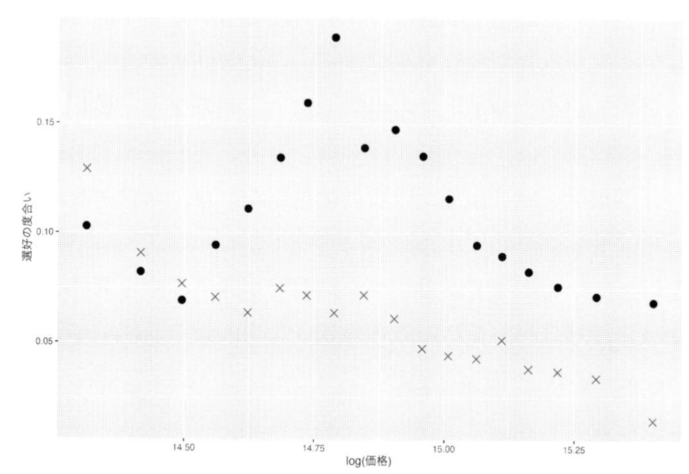

注）バツ印は価格に関する Preference-IV を示し，丸印は燃費に関する Preference-IV を示す．各点はローデータではなく，価格の 5%ごとに集計した Preference-IV をプロットしている．図 9 および図 10 においても同様である．

最後に，購買目的による IV である Heavy-User-IV についても同様の図示を行う．図 10 でその関係性を示している．予想される通りに，カタログ燃費でも燃費の信念でも，平均的な燃費指標の増加に合わせて Heavy-User-IV の平均も同様に増加しており，正の相関が見られる．

図 9　Preference-IV と燃費の関係性

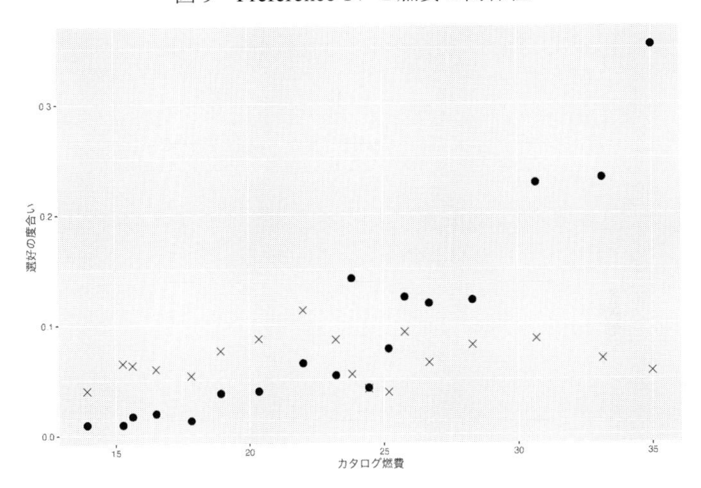

(a) 燃費：カタログ燃費

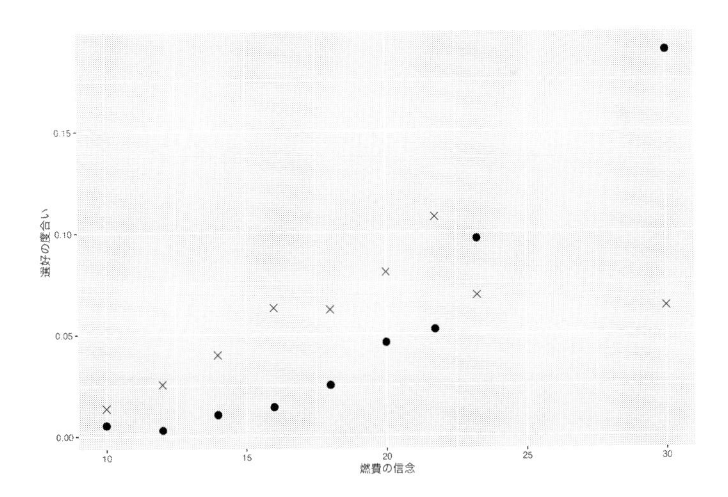

(b) 燃費：信念

図 10　Heavy-User-IV と燃費の関係性

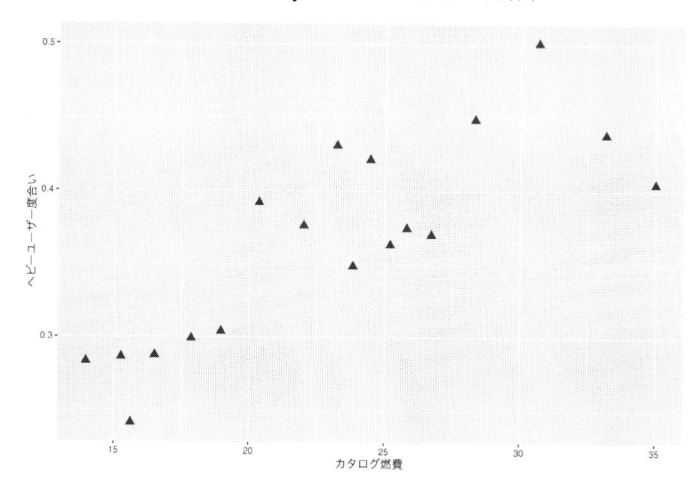

(a) 燃費：カタログ燃費

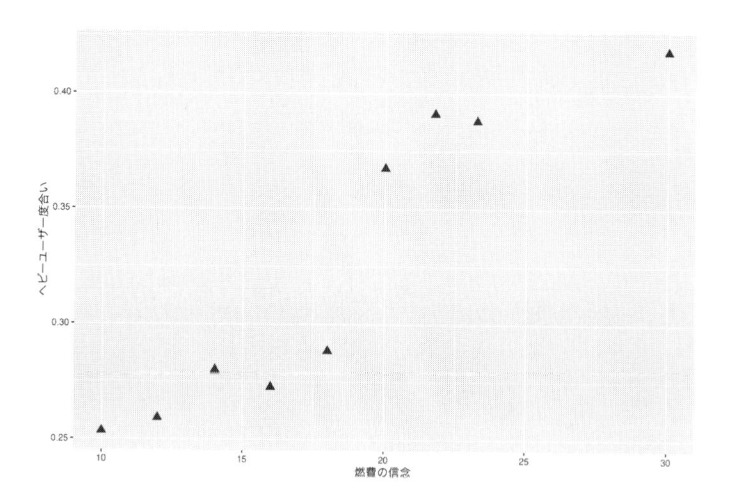

(b) 燃費：信念

第 6 章 結果

本章では式（15）の簡便なロジットフォームによる推定結果を示す．まず，日本のマクロデータによる推定結果を示し，Grigolon et al. (2018) の結果と比較する．そのうえで，本研究の特色である（1）消費者の燃費認知，(2) 燃費と走行距離の相関関係の 2 点を加えたマイクロデータによる推定結果を示す．

6.1　マクロデータによる結果

この節では，日本のマクロデータによる結果が Grigolon et al. (2018)（以降，GRV とよぶ）と同程度になるかどうかを検証する．この時点で日本のデータによる結果と GRV の結果が異なる場合，日本と欧州という国特有の要素の違いによって，燃料コスト評価が変わってくることになる．ここでは，ランダム係数モデルではなく，簡便なロジットモデルによる比較を行う．表 5 はその結果を示したものである．参考のために，右端の列に GRV 論文での結果を載せている．

本研究のマクロデータによる推定と GRV による推定の違いを説明する．GRV は年の固定効果・モデルレベルの固定効果を含めた形で，BLP タイプの IV および Cost Shifter の IV を組み込んでいる．そのうえで，彼らは欧州 7ヵ国のパネルデータである特性を活かして，ロジットモデルを GMM 推定によって行っている．本章のマクロデータは，モデルレベルのパネルデータにはなっているが，日本のデータのみを用いているため，GRV ほどの variation を有していない．そのため，モデ

表5　ロジットモデルによる結果：マクロデータ

	Logit (IV)			Logit (GMM)		GRV
	IV (1)	IV (2)	IV (3)	GMM (1)	GMM (2)	
MSRP	−9.8158	−7.6779	−28.9956	−7.6779	−12.4367	−4.52
	(0.4564)	(0.3761)	(0.7799)	(0.3762)	(4.0079)	(0.19)
将来燃料コスト	−8.8437	−7.1389	−10.5411	−7.1389	−7.5392	
	(0.4089)	(0.2706)	(1.2453)	(0.2706)	(1.2204)	
車体重量	16.4969	14.3183	36.9011	14.3183	109.0206	
	(0.6144)	(0.6212)	(6.5174)	(0.6214)	(5.0286)	
馬力	2.2688	1.2827	−1.1766	1.2827	8.6622	2.28
	(0.4053)	(0.1899)	(1.0555)	(0.1899)	(2.2056)	(0.14)
将来表価値	0.9009	0.9298	0.3635	0.9298	0.6062	0.89
	(0.0688)	(0.0624)	(0.0457)	(0.0623)	(0.1540)	(0.06)
BLP IV	○	○	○	○	○	○
Cost-Shifter IV	○	○	○	○	○	○
ABR IV	○	○	○	○	○	
Cragg-Donald F-Stat.	955.744	592.546	493.895	592.215	171.022	
Time FE	○	○	○	○	○	○
Engine Type FE	○					
Manufacturer FE		○		○		
Model FE			○		○	○
Num. obs.	16,146	16,146	16,146	16,146	7,380	82,151

注）2列目から4列目に操作変数法による推定結果を示している．5列目および6列目は一般化モーメント法による推定結果を示している．7列目のGRVはGrigolon et al. (2018) の結果を参考として記載している．1行目のMSPR（Manufacturer's Suggested Retail Price）はメーカー希望小売価格を意味している．マクロデータを用いているため，操作変数は3種類（BLP-IV・Cost-IV・ABR-IV）に限定されている．固定効果（FE）は4種類考えており，時間固定効果（年月レベル）・エンジンタイプ固定効果（ICE・HEVなど）・メーカー固定効果（トヨタなど）・モデルブランド固定効果（プリウスなど）である．一番下はデータの観察数を示している．括弧の中は標準誤差である．

ルレベルの固定効果を含めたGMM推定を行うために，部分的にシェアが小さいモデルやパネルとしての期間が短いサンプルを減らして実行している[21]．そこで，GMMではないtwo-stepのIVによる推定方法の結果も併せて記載している．また，第2章で記載のとおり，本研究

[21] GRVもシェアが小さいモデルはサンプルから除外している．

では海外から輸入された自動車を含めないため[22]，GRVのように海外ダミーを入れていない．加えて，前述のとおり，GRVとは異なり，本研究ではABRによる操作変数を加えている．ここではマクロデータなので，マイクロデータによるPreference-IVは用いないとともに，燃費の信念のように個人ごとに燃費の評価が異なるケースを考えないためGRVと同様に燃費指標の内生性は考えない．

まずtwo-stepによる推定結果（表5のIV(1)からIV(3)の列）をみると，すべての結果で価格と燃料コストの推定値が負になっている．車体重量と馬力については，バラツキはあるものの，概ね正の値となった．本研究の最も関心のあるパラメータである燃料コストの将来評価についてのパラメータは，エンジンタイプおよび自動車メーカの固定効果を入れたモデルでは，0.90〜0.93となっており，先行研究のGRVとかなり近い値となっている．一方で，自動車のモデルレベルの固定効果を入れたIV(3)のモデルでは，将来評価に関する推定値が0.36と低くなっている．この傾向は，GMMによる推定結果でも同様である．表5のGMM(1)からGMM(2)の列では，自動車メーカーレベルの固定効果を入れたモデル（GMM(1)）と自動車のモデルレベルの固定効果を入れたモデル（GMM(2)）を記載している．本研究ではブランドレベルの固定効果を含めたGRVと同じ形のGMM(2)のモデルをベースラインとして考えることにする．

6.2　マイクロデータによる結果

表6はマイクロデータを用いたロジットモデルによる結果をまとめたものである．この表は四つのパネルから構成され，パネルAはカタログ燃費を使った場合の結果，パネルBは実燃費を使った場合の結果，

[22] ただし，日本は輸入車のシェアが小さく，推定結果には影響を与えないと考えられる．

表6　ロジットモデルによる結果：マイクロデータ

	仮定のタイプ			
	GRV (マクロ)	走行距離の異質性	期待寿命＋走行距離の異質性	すべての異質性
パネル A: カタログ燃費				
価格	−12.436	−0.9326	−0.9595	−0.9683
	(4.0079)	(0.1625)	(0.1545)	(0.1539)
将来燃料コスト	−7.5392	−0.3661	−0.4119	−0.4185
	(1.2204)	(0.1135)	(0.1089)	(0.1101)
将来評価値	0.6062	0.1686	0.1625	0.1604
	(0.1540)	(0.0490)	(0.0425)	(0.0418)
F-Stat	171.022	45.358	40.384	37.966
パネル B: 実燃費				
価格		−1.0656	−1.0643	−1.0720
		(0.1590)	(0.1513)	(0.1506)
将来燃料コスト		−0.2302	−0.2922	−0.2949
		(0.1173)	(0.1123)	(0.1135)
将来評価値		0.1073	0.1134	0.1114
		(0.0425)	(0.0380)	(0.0377)
F-Stat		44.545	39.652	37.278
パネル C: 燃費の信念				
価格		−0.8744	−0.8926	−0.9031
		(0.1765)	(0.1646)	(0.1638)
将来燃料コスト		−0.3810	−0.4359	−0.4404
		(0.1281)	(0.1221)	(0.1234)
将来評価値		0.1748	0.1728	0.1699
		(0.0586)	(0.0507)	(0.0498)
F-Stat		39.414	35.244	33.078
パネル D: 行動バイアス				
実燃費の FV / カタログ燃費の FV		0.6364	0.6978	0.6945
燃費の信念の FV / カタログ燃費の FV		1.0368	1.0634	1.0593
Num. obs.	7,380	29,603	29,603	29,603

注）パネル A から C はそれぞれカタログ燃費・実燃費・燃費の信念を燃費指標として用いた場合の推定結果を示している．2 列目は参考として，表 5 の 6 列目の一般化モーメント法による推定結果を再掲している．3 列目から 5 列目は仮定を変えた場合の推定結果である．それぞれ走行距離の異質性を組み込んだ場合，走行距離と期待寿命の異質性を組み込んだ場合，走行距離・期待寿命・割引率のすべての異質性を組み込んだ場合を意味している．括弧の中は標準誤差である．パネル D は実燃費および燃費の信念による将来評価値の推定値（パネル B と C の将来評価値）とカタログ燃費を用いた場合の将来評価値（パネル A の将来評価値）の差を示している．FV は将来評価値（Future Valuation）の略語である．一番下の行（Num. obs.）はデータの観察数を示している．

パネルCは燃費の信念を使った結果，パネルDはカタログ燃費の代わりに実燃費・燃費の信念を用いた平均的な将来評価パラメータ（将来評価値）の差を表示している．パネルAからCまでは，それぞれ価格・将来燃料コスト・将来評価・F値を記載している．また，ここでは仮定のタイプごとの推定値を報告している．2列目のGRV（Macro）はGRVと同様の推定を行った場合を示しており，表5の6列目のGMMによる推定かつモデルレベルの固定効果を入れた場合（GMM(2)）の推定値を再掲している．3列目から5列目にかけては仮定を緩めている．‘走行距離の異質性あり’とは，GRVで課された仮定を緩め，すべての消費者の燃料コストの計算に平均的な走行距離を用いる代わりに，実際の消費者ごとに異質性をもつ走行距離のデータを使うことで，各消費者の購入自動車の燃費と走行距離の相関を考慮している．さらに，4列目では過去の先行研究で仮定されていた一律な購入自動車の期待寿命の仮定を緩め，消費者ごとの期待寿命の異質性も加味したモデルになっている．最後の5列目は，さらに契約ごとに異なる割引率の異質性も加え，すべての異質性を加味したモデルになっている．2列目と3〜5列目は推定に用いているデータは異なり，2列目はマクロデータなので，サンプル数も7,380であるが，後者はマイクロデータであり29,603のサンプル数となっている．

まずパネルAについてみていく．パネルAはカタログ燃費を使った場合の，各仮定に基づく推定値を示している．マイクロデータを用いた3〜5列目においては，価格や将来燃料コストの推定値は安定している．価格の推定値は−0.9683〜−0.9326であり，将来燃料コストの推定値は−0.4185〜−0.3661となっており，期待通りに負の値になっている．その結果，将来評価は0.1604〜0.1686となっている．また3列目から5列目にかけて，異質性が増加するごとに，First-StageでのFitted Valuesのランダムネスが大きくなる（relevanceが減少する）ので，F値が減少することは直感的である．F値については，異質性の増加とともに減少することはパネルBおよびパネルCでも一貫している.

パネルBは実燃費を用いたケースの推定値を表示している.パネルA同様に,3〜5列目においては,価格や将来燃料コストの推定値は安定している.価格の推定値は−1.0720〜−1.0643であり,将来燃料コストの推定値は−0.2949〜−0.2302となっており,将来評価は0.1073〜0.1134となっている.パネルCは燃費の信念を用いた場合の結果を示している.価格の推定値は−0.9031〜−0.8744であり,将来燃料コストの推定値は−0.4404〜−0.3810となっており,将来評価は0.1699〜0.1748となっている.

最後に,パネルDについて説明する.パネルDは,第3.1章の理論から推察される結果を実証的に検証したことを示している.まず,第3.1章では,カタログ燃費の代わりに実燃費を使うと,消費者の近視眼性を示す将来評価の値が減少することが示唆されていた.その理論的な考察は,ここで実証的にも確かめられている.パネルDの「実燃費のFV/カタログ燃費のFV」という行は,各仮定に関してパネルBの推定値をパネルAの推定値で割った値を表示している.どのような仮定の下でも,値は0.6〜0.7前後になっており,命題1で示されている$\frac{\gamma^o}{\gamma^c}<1$という関係が正に確認されている.その下のパネルDの「燃費の信念のFV/カタログ燃費のFV」という行も同様に,各仮定に関してパネルCの推定値をパネルAの推定値で割った値を表示している.ここでは命題1で言及されているγ^bとγ^cの関係性を実証的に確認している.理論的には,この関係性はカタログ燃費と燃費の信念のギャップの分散の大きさに依存しており,明らかではなかった.この関係性を実証的にテストした結果,$\frac{\gamma^b}{\gamma^c}=1.0368〜1.0634$とカタログ燃費と燃費の信念を用いて推定した消費者の近視眼性に関する将来評価の値はほぼ同じとなった.

第7章でも述べるが,これらの現時点での結果の解釈には注意が必要である.というのも,複数の内生変数という状況ゆえに,本研究は現時点では BLP のようなランダム係数モデルを推定しておらず，単純な操作変数を用いた線形回帰による推定値であるため，内生性を完全にケアできていない可能性や人口属性などの異質性をカバーしきれていない可能性が高い．この点と関連して，マイクロデータを用いたうえで将来評価値のパラメータに異質性を認めない場合，パラメータの希薄化（attenuation）が起きていることが考えられる．具体的には，第 3 章の下記のようなシンプルなモデルを再度考えることで明らかになる．

$$p_A - p_B = \gamma \cdot (G_B - G_A)$$

マイクロデータを用いて，かつパラメータの異質性を認めない場合（γ_i ではなく γ を推定する場合）に，γ を誘導推定すると，$(G_B - G_A)$ のバラツキが燃料コストの異質性によって，マクロデータの場合と比較して推定上，観測誤差が増大したように捉えられるということである．これはまさに計量経済学における観測誤差が生み出す希薄化バイアス（attenuation bias）である．新車に関するマイクロデータを用いた誘導推定を実施した過去の先行研究では，Gillingham et al. (2021) や Leard et al. (2021) などは低い将来評価値が推定されているが，上記と同様のパラメータの希薄化が，非常に小さな将来評価の値に繋がっている可能性は否定できない．この点については，本研究の今後の課題であり，今後は推定方法を精緻化するなど研究を深めていきたい．つまり，マクロデータを使った場合とマイクロデータを使った場合の推定結果や研究結果は直接は比較できないことがわかる．

推定値の解釈においては上記のような留意点はあるものの，燃費指標間の比較については，現時点でも本研究の貢献がある．第 3.1 章で示したように，カタログ燃費・実燃費・燃費の信念という 3 種類の燃費指標によって，消費者の近視眼性に関する将来評価値のバイアスに関する理論的な考察とその実証的なテストを行った点である．この場合も先の将来評価値に関する話と同様に推定上の問題の影響を受けている可能性はある．しかし，燃費指標によるバイアスの検証については，燃費に関するデータを入れ替えているだけであり，パネルAからCのモデルについて同じ推定上の問題を抱えているならば（つまりパネルAからCのモデルで将来評価値が真の値以上に同様の程度小さくなっているならば），その将来評価値の比率であるパネルDの結果については，推定上の問題は大きな問題にはならないだろう．したがって，パネルDの結果は十分有効であると考えられる．この結果から導かれるシンプルな結論は,「自動車のブランドレベルの平均的な実燃費を用いて消費者の近視眼性に関する値を推定してはいけない」ということである．本研究は，Allcott (2013) などと同様に，消費者の認知効用と実現効用を明確に区別している．その立場からすると，消費者の認知している燃費こそが真の消費者の将来評価値を推定できる燃費指標である．つまり，パネルCのモデルを使うべきである．もし消費者の燃費に関する信念の情報が得られない場合は，消費者の近視眼性の程度を推定する限りにおいては，実燃費よりもカタログ燃費を使うべきである．この結果は今後の研究に大いに貢献する．なぜなら，近年の環境経済学の文献では，カタログ燃費と実燃費の差の重要性が認識されてきた (Reynaert, 2021; Tanaka, 2020)．この流れを汲んで，実燃費を用いた消費者の近視眼性に関する値の推定を行う研究が出てきても不思議ではない．しかし，先に述べた通り，実燃費を用いることは消費者の近視眼性を誤った形で過小評価する．本研究は，実燃費を消費者が認識していると仮定することによるバイアスを示している．

表6の推定値（「すべての異質性」の場合）を用いて，式(14)に基づいて，行動バイアスを定量的に評価できる．2019年度に購入された自動車の数，$5,038,727$台，を用いて，日本全体で発生した平均的な行動バイアスは，$3,395$億円であった．これは一人あたりに直すと，$67,379$円である．$\mathbb{E}[\Delta W_{BE}] > 0$であるので，消費者は購入時に実現効用の最大化をできておらず，意思決定時には予期できていなかった厚生便益

図11　行動バイアスの分布

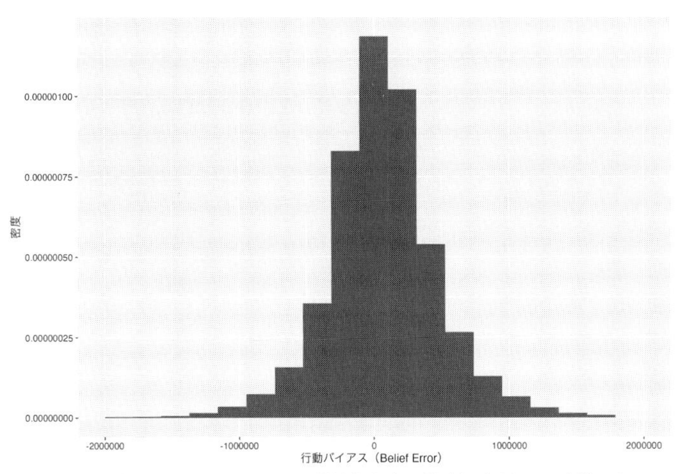

注）表6の推定値（5列目の「すべての異質性あり」の場合）を用いて計算した$\mathbb{E}[\Delta W_{BE}]$の密度分布を示している.

が発生していることになる．消費者は平均的には実燃費を正確に評価しているが（表3の実燃費と燃費の信念の中央値はほぼ同じである），消費者のもつ燃費に対する信念と実燃費のズレの分散がそのバイアスを生んでいる．もしどの消費者も平均的に同じ程度の行動バイアスであれば，どの消費者にとっても生産者にとっても問題にはならない．しかし，実際には5%と95%のパーセンタイル値をとってみると，それぞれ$-588,789$および$767,544$となっており，図11が示すように幅広い分布になっている．ここには燃費の信念と実燃費を元にして算出した将来燃料コストの違いの分散の大きさが表れている．その結果，特定のグループの消費者が燃費を正当に評価できていなかったり，特定の自動車のブランドの燃費認知が低くなっている可能性がある．その場合，行動バイアスを修正する政策が望ましい可能性がある．また，仮にすべての消費者にとって平均的に同じ程度の行動バイアスであったとしても，自動車の燃費とパフォーマンス（重量や大きさなどの他の性能）には技術的なトレードオフがあることが知られており (Leard et al., 2021)，燃費が低く評価されていることで，本来自動車の大きさなどから受けるはずだった効用を消費者が得られていない可能性もある．これらの行動バイアスの更なる評価や政策的対応については，今後の課題としたい．

第 7 章
現時点での結論・今後の課題

本研究は自動車を購入する消費者の将来燃料コストの評価について，消費者行動に関する二つの新たな視点から研究を行った．一つは，消費者の燃費に対する認知である．過去の先行研究は，消費者がカタログ燃費を実際の燃費だと消費者が認知して購入していることを仮定してきた．しかし，実際には消費者は平均的には実燃費に近い燃費水準を認識していることがわかった．さらに，重要な点としては，消費者は平均的には実燃費に近い水準を認知しているが，その分散が大きく，消費者の燃費認知には異質性があることがわかった．ここで，もし研究者が消費者の燃費認知の仮定として，ブランドレベルの平均的な実燃費を想定すれば，理論的な分析によると，消費者の近視眼性（consumer myopia）を検証する消費者の将来評価に関する推定値（valuation parameter）はカタログ燃費を用いた場合よりも低下する．しかし，消費者の燃費認知に基づく将来評価値は，消費者の燃費に関する信念の分散の大きさゆえに，理論的に必ずしも小さくなるとは限らないことがわかった．実際に実証分析でテストした結果，この理論的な分析の正しさが証明された．このことから，研究者は消費者の近視眼性を検証する際には，まず消費者の認知を考える必要があること，そしてもしそれが可能でないならば，ブランドレベルの平均的な実燃費を用いることは消費者の近視眼性の過小評価バイアスを生むため，避けなければならないことを示唆した．もう一つの新たな視点は，購入する自動車の燃費とその消費者の走行距離の相関である．この相関関係は，多数の文献が存在するリバウンド効果のアナロジーとして考えられるものの，先行研究では考慮されてこなかった点である．理論的な結果として，この相関関係は消費者の近視眼性に関する推定値を大きくすることが確かめられた．実証面については今後の課題である．

今後は，上記の推定上の懸念をケアするために，Reynaert (2021) が提案した内生性が複数ある場合のランダム係数モデルを推定することが第一の目標である．その推定の際にはよりよい（除外制約をより明確に満たしているであろう）操作変数がさらに必要となるかもしれない．そのモデルによって，構造パラメータを推定したうえで，政策シミュレーションを実行することが最終的な目標である．例えば，Grigolon et al. (2018) は消費者の燃料コストの評価値がそこまで低くないため，政策シミュレーションの結果，製品税よりも燃料税の方が効果的であると結論づけている．しかし，本研究が導入した新たな二つの視点を加味した結果，同様の結果が得られるかどうかは，シミュレーションをしてみないとわからない．また，年収や年齢・家族構成の違いなどによって，行動バイアスの程度や政策の便益が変わってくる可能性がある (Leard et al., 2019; Houde and Myers, 2019)．行動バイアスについては，第 6.2 章で述べたように，人口属性や自動車のブランドにおける偏りやパフォーマンスとのトレードオフについて更なる探索は今後の課題である．加えて，実際の政策を考えるうえでは人口属性における便益の異質性を探索することは重要である．また，最近では補助金と燃費基準など複数の政策が同時に行われていることで，互いの正の効果を打ち消しあっている可能性なども示唆されている (Linn, 2022)．そうした政策の交錯についても，今後探索していきたい．

補足
A　データについての補足

ここでは，一部のデータについての補足の図を示している．まず，図 A1 は，三つの燃費指標—カタログ燃費・実燃費・燃費の信念—の本研究の用いるマイクロデータにおける燃費分布を図示している．グレーの模様のないヒストグラムがカタログ燃費であり，網目模様と斜めのストライプ模様のヒストグラムがそれぞれ実燃費・燃費の信念の分布である．グレーのカタログ燃費は一部の燃費水準，15 km/L と 25〜28 km/L 前後で数が極端に多くなっている．これは，図 7 でも図示されているように，1,500 kg かつ 15 km/L の付近と 900 kg かつ 25〜28 km/L の 2 箇所にシェアの大きい車種が固まっているためだと考えらえる．一方で，実燃費および燃費の信念の分布はカタログ燃費よりも左に偏っており，かつほとんど重なっている．つまり，実燃費および燃費の信念の全体の分布はほとんど同じであり，カタログ燃費よりは低くなっていることがわかる．なお，全体の分布が同じでも，図 1 で表されている通り，走行距離との同時分布は大きく異なることに注意が必要である．

次に，図 A2 は HEV におけるカタログ燃費および燃費の信念（z 軸）と走行距離（x 軸）・期待寿命（y 軸）との関係を三次元でプロットしている．カタログ燃費（a）においてはそこまで強い相関は見られないが，燃費の信念（b）は走行距離と期待寿命が上昇するにつれて上がる傾向が見て取れる．図 1 が示している燃費の信念と走行距離の強い相関関係のみならず，期待寿命においても同様の強い相関関係があることが見て取れる．

図 A1　カタログ燃費・実燃費・燃費の信念の分布

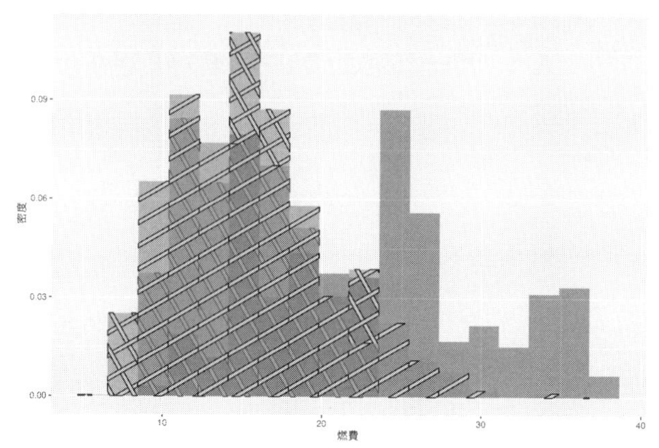

注）模様なし・網目模様・斜めのストライプ模様の密度分布は，それぞれカタログ燃費・実燃費・燃費の信念の密度分布である．

図 A2　HEV の燃費・走行距離・期待寿命の関係性

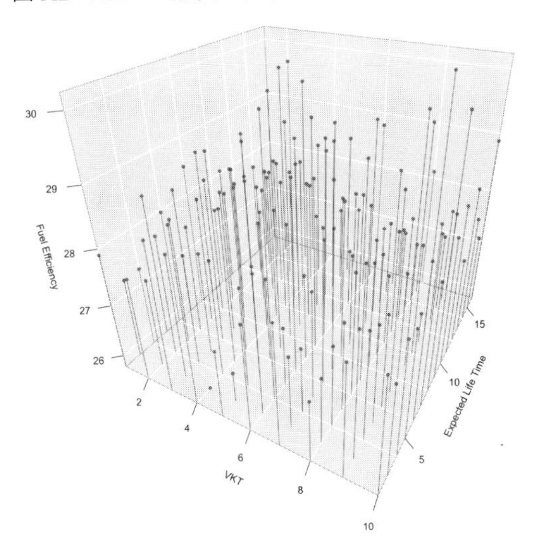

(a) カタログ燃費・走行距離・期待寿命の関係性（HEV）

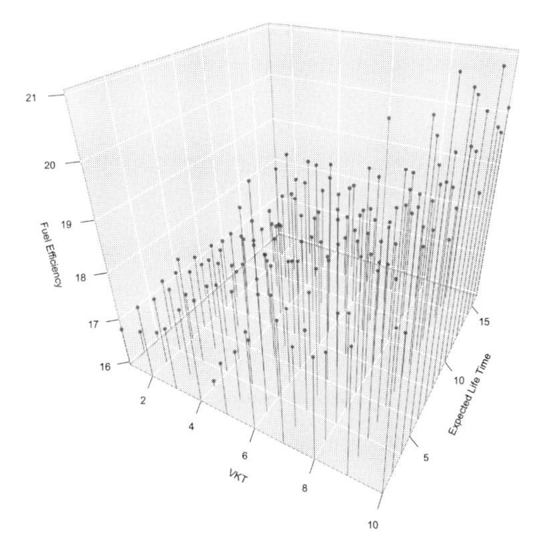

(b) 燃費の信念・走行距離・期待寿命の関係性（HEV）

B　将来燃料コストの構築についての補足

2.1　将来燃料価格の期待値

ここでは，参考として，人々の将来燃料価格の期待値について，複数の指標を考える. (1) 自動車購入時点のガソリン小売価格, (2) 季節調整ガソリン小売価格, (3) 移動平均ガソリン小売価格の 3 種類を比較する．これらを比較すると，本論で用いている（1）は他の指標と決定的な差がないことがわかる.

まず一つ目として，消費者は自動車購入時点のガソリン小売価格に基づいて将来のガソリン価格を予測するという仮定に基づいた指標を考える．これは最も近い先行研究である Grigolon et al. (2018) が採用している方法と同じである．Grigolon et al. (2018) は年ごとかつ国レベルの自動車販売量データしか用いることができなかったので，他の可能性を模索できなかったと思われるが，本研究ではマイクロデータを用いており，時間軸においても月レベルの変動を加味できるので，複数の指標を比較することが可能である．人々は自動車の将来の使用コストを購入時点で考える傾向があるということは，理論的にも実証的にもよく知られている (Busse et al., 2013; Klier and Linn, 2010; Archsmith et al., 2020)．この指標を作成するためには，前述の経済産業省の給油所小売価格調査を用いた．給油所小売価格調査は 2004 年以降の毎週および県別のガソリン・軽油・灯油の小売価格を発表している[23]．本研究が用いるマイクロデータは月次レベルであるので，当該調査を月次レベルに集計して用いる．また，マイクロデータは居住都道府県も判

[23] ただし，2011 年 3 月の東日本大震災時のデータには一部欠損がある．本研究に関しては期間外であるため，問題は生じない.

別できるため，都道府県・月レベルでマッチングしたガソリン価格を，各消費者が直面しているガソリン価格としている．

二つ目の季節調整ガソリン小売価格の指標を用いる方法は，消費者がガソリン価格が季節性トレンドに対してマルチンゲール予想すると仮定することと同義である．この指標は，Allcott and Wozny (2014) が使っている指標の一つである．本研究でも，Allcott and Wozny (2014) と同じアプローチを用いて，季節トレンドを除去するために，月次のガソリン価格に対して，11 か月のダミー変数を回帰して，それらをフィットさせたうえで調整することで，指標を作成している．

Allcott and Wozny (2014) は三つの可能性を探索しており，上記の季節調整ガソリン小売価格指標以外に，石油の将来価格に基づく指標と Michigan Survey of Consumers（MSC）のマイクロデータから構築される belief 指標を用いている．彼らの研究のベースラインは石油の将来価格に基づく指標である．この石油の将来価格は U.S. Energy Information Administration's (EIA) が発行している Monthly Energy Review と NewYork Mercantile Exchange and the Intercontinental Exchange から作成されている．日本に関してこういった将来予想価格は発表されていないため，この方法を直接用いることはできない．そこで筆者は異なるアプローチを考案した．

図 A3 は，原油先物の国際的な指標の一つである West Texas Intermediate(WTI）の原油先物取引価格と US EIA による将来価格予想を示している．グレーの実線は 6 か月前から 1 年前の当該月の予測値の平均であり，グレーの破線は全期間（1 か月前予測値から最も古い予測値）の予測値の平均である．2015 年の原油価格が高かったために，2016 年当初は予測値が高い．US EIA の予測値は，IHS Markit macroeconomic model に基づいている[24]．そのため，直近の値に予測値が引っ張られて

[24] US EIA の Short-Term Energy Outlook の説明などを参照されたい．当該モデルは，古典的なケインジアンマクロモデルに依存している．

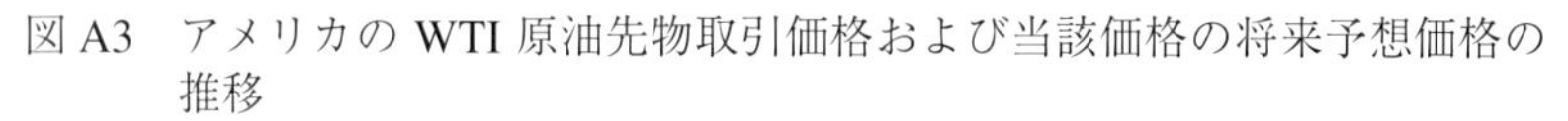
図 A3　アメリカの WTI 原油先物取引価格および当該価格の将来予想価格の推移

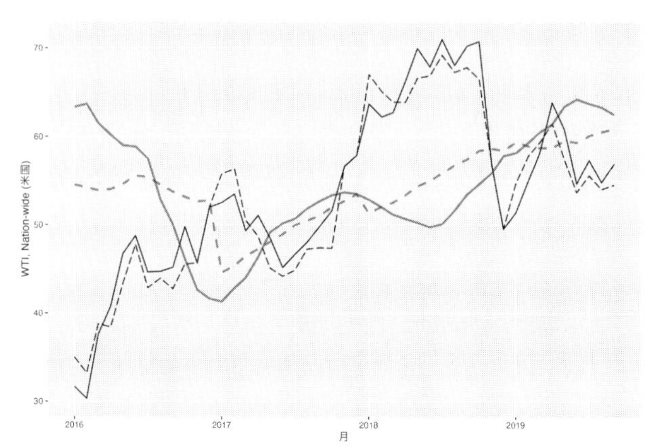

注）黒の実線は実際のアメリカでの WTI 原油先物取引価格であり，黒の点線は季節調整 WTI 原油先物取引価格である．グレーの実線は 6 か月前から 1 年前の当該月の WTI 原油先物取引価格に関する予測値の平均であり，グレーの破線は全期間（1 か月前予測値から最も古い予測値）の予測値の平均である．

いると考えられる．この直近の値に引っ張られる特性を再現するために，石油の将来価格の代わりに，筆者は移動平均 (MA) ガソリン小売価格を採用した．

これらを図示したのが，図 A4 である．本研究では，合計で 5 種類の将来燃料価格の期待値を想定する．黒の実線が (1) 自動車購入時点のガソリン小売価格, 黒の点線が (2) 季節調整ガソリン小売価格, グレーの線が (3) 移動平均ガソリン小売価格を示している．移動平均ガソリン小売価格は 3 種類を想定し，グレーの実線・ダッシュ線・二重ダッシュ線は，それぞれ当該月を含めた直近 3 か月・6 か月・1 年の移動平均を示している．図 A4 をみると，大きな傾向には差がないことがわかる．今後ロバストネスチェックは必要だが，過去の先行研究の大部分が採用している消費者の燃料価格の期待値として，購入時点の価格を使うことは少なくとも本研究が用いている期間内（2016 年 1 月から

図 A4　ガソリン価格および移動平均ガソリン価格の推移（全国）

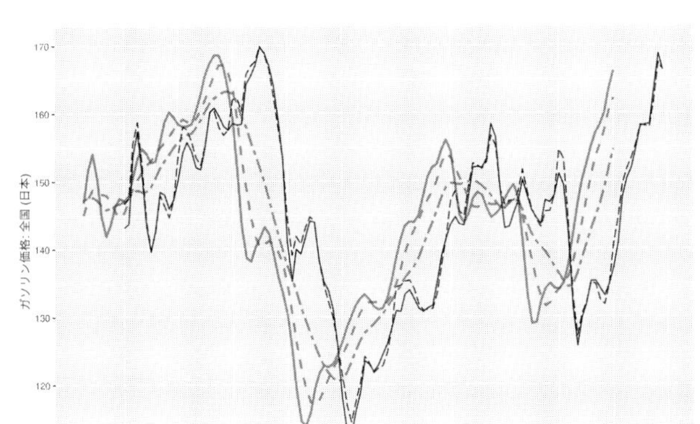

注）黒の実線は実際の全国平均のガソリン小売価格であり，黒の点線は季節調整ガソリン小売価格である．グレーの実線・ダッシュ線・二重ダッシュ線は，それぞれ当該月を含めた直近 3 か月・6 か月・1 年の移動平均である．

2019 年 9 月）では大きな支障とはならないことが考えられる．

2.2　燃料価格の走行距離に対する非弾力性

アメリカのデータを用いた研究では，自動車 (私用車) の走行距離に対して燃料価格は非弾力的であることが知られている (Small and Van Dender, 2007; Hughes et al., 2008; Gillingham, 2014)．しかし，アメリカでは都市間の移動では飛行機か自動車が主な手段となるが，日本では電車などの公共交通手段が多く，他の手段への代替が容易であるため，日本でも同様であるとは限らない[25]．そこで，本節では走行距離に対するガソリン価格の代替性を検証する．もし非弾力的であることがいえれば，過去の先行研究と同様に，ガソリン税の引き上げが走行

[25] アメリカの通勤通学における公共交通利用率がたった 5.0%（2019 年・American Community Survey）であるのに対して，日本の通勤通学における公共交通利用率は 27.91%（2020 年度・国勢調査）である．

距離の減少を誘発することを仮定できる．一方で弾力的である場合には，ガソリン税の引き上げによる消費者の自動車利用に関して，その内政性を考慮した追加的なモデリングが必要になりうる．

そこで，ここではマイクロデータを用いて，Gillingham (2014) と同様に，走行距離（Vehicle Kilometers Traveled）を，消費者の直面するガソリン価格（g_{it}），保有する自動車の属性（$\boldsymbol{x}_i$），消費者の個人属性（$\boldsymbol{d}_i$），消費者が直面している経済状況（$\boldsymbol{ea}_{it}$），市区町村固定効果（$\boldsymbol{\theta}_c$），月の固定効果（$\boldsymbol{\eta}_m$）の関数と考える．そのうえで，下記のモデルを推定する．

$$\ln(\mathrm{VKT}) = \beta_0 + \beta^{v,g}\ln(g_{it}) + \boldsymbol{x}_i\boldsymbol{\beta}^{v,x} + \boldsymbol{d}_i\boldsymbol{\beta}^{v,d} + \boldsymbol{ea}_{it}\boldsymbol{\beta}^{v,ea} + \boldsymbol{\theta}_c + \boldsymbol{\eta}_m + \varepsilon_i, \tag{16}$$

このようにモデルを考えることで，$\beta^{v,g}$ はガソリン価格に対する走行距離の弾力性と解釈することができる．

識別戦略としては，操作変数法を用いる．Gillingham (2014) はカリフォルニア州が実施するスモッグチェックプログラム[26]における走行距離データ（車体番号がミスによって接続できないケースを除いた全数データ）を用いている．彼の研究ではこのデータこそが識別を可能にしている．というのも，カリフォルニア州の 40 の郡は，車齢 6〜7 年以内に自動車保有者がスモッグチェックプログラムを受けることを義

---

26 アメリカ合衆国のカリフォルニア州のほとんどの郡では，自動車の排ガスシステムが正常に作動しているかを確認するために，1984 年から自動車の所有者はスモッグチェックを受けることが義務づけられている．現行の制度では，自動車の初期登録から 6 年以内に，スモッグチェックを受けることが必要とされている．一部のスモッグチェックは州の検査機関の負担を軽減するためか，検査が集中した際には，ランダムに選ばれた自動車の検査日程が 6 年以内ではなく 7 年目前後のタイミングに回されている．なお，自動車の所有権が移転した場合には，初期登録から 4 年以上経過した自動車のすべてがスモッグチェックを受けなければいけない．その結果，この制度によって，自動車の所有者が法令違反をしている場合を除けば，4 年から遅くとも 7 年以内にはスモッグチェックを受けることになる．具体的な検査タイミングの分布は，Gillingham (2014) の表 4 を参照．

務付けており，その検査の時期の変動は運転の意思決定と外生的である．さらに，7 年目に検査を受ける自動車保有者（全体の 10%）はランダムに選ばれており，外生的である．Gillingham (2014) はこの条件に基づいてサンプルを制限することで，走行距離計が州当局に記録されているタイミングでの群レベルのガソリン価格とスモッグチェックされた際の走行距離の内生性を排除している．また，地域的な走行距離の需要ショックがありえることを想定したうえで，もう一つの識別戦略として，彼の研究では世界的な原油価格を操作変数法として用いている．原油価格がガソリン小売価格に強く関係していることは自明であるが，もし地域レベルで局所的な走行距離の需要ショックがある場合，この推定において原油価格は除外制約も満たす．

本研究で用いているデータは，調査時点は購入時点の 1 か月後である．そのため，Gillingham (2014) のように，走行距離とガソリン価格の外生性を担保できるようなデータではない．さらに，データは走行距離計の正確な値ではなく，12 の区分をもつダミー変数である．したがって，OLS や IV による推定を行う際には，各区分の中央値をとる形で被説明変数を作成しており，本節での推定結果も走行距離についてはあくまで近似である．IV 推定における操作変数は，Gillingham (2014) と同様に，世界的な原油価格（WTI 原油先物取引価格）を用いている．本研究では，追加的に原油価格の当月から 6 か月前の lag を操作変数としている．そのため，除外制約については，地域レベルの局所的な走行距離の需要ショックがあると仮定を置く必要がある．

上に挙げた点に留意したうえで，結果を説明する．表 A1 が式 (16) の推定結果である．OLS と IV による推定結果には大きな違いはなく，非弾力的でありかつ有意ではないという結果になった．操作変数に関する検定結果についても，Monteil-Pflueger の F 検定の結果が 10,896.54 となり，relevance については十分な結果が得られている．

Small and Van Dender (2007) は 1996–2001 年の間で −0.0892 という

表 A1　ガソリン価格の走行距離に対する非弾力性

	走行距離		
	OLS	OLS	IV
log(ガソリン価格)	−0.002	−0.070	−0.018
	(0.114)	(0.069)	(0.069)
定数項	6.291***	7.370***	6.356***
	(0.561)	(1.283)	(0.434)
F-Statistics			10,896.540
自動車属性		○	○
人口属性		○	○
都市-固定効果		○	○
都市の経済状況		○	○
年月-固定効果		○	○
Num. obs.	37,405	37,405	37,405

*** $p < 0.01$; ** $p < 0.05$; * $p < 0.1$

注）Andrews et al. (2019) が推奨している方法に従い，Weak IV の検定に用いられる F 統計量として，Montiel Olea and Pflueger (2013) の F 統計量を用いている．

弾性値を，1997–2001 年の期間で，–0.066 という弾性値を報告している．Hughes et al. (2008) の研究では，2001–2006 年の間で，当該弾性値は –0.03 から –0.08 の間の値となっている．本研究の結果は，有意ではないが弾性値は –0.002 であり，推定結果の値は過去の先行研究と近い値になっている．一方で，Gillingham (2014) は –0.22 という値を報告しており，彼の研究結果はやや大きい値になっている．ただし，これはガソリン価格の変動の違いが影響しているのではないかと，論文内で推論されており，アメリカを対象にした研究では，走行距離はガソリン価格に対して非弾力的であるというコンセンサスが得られている．日本のデータを用いた分析でも，同様に非弾力的であることが本節で確かめられた．それゆえ，ガソリン税の引き上げなどの政策的対応が走行距離に影響をもたらさないことを仮定できる．

参考文献

Allcott, Hunt, "The Welfare Effects of Misperceived Product Costs: Data and Calibrations from the Automobile Market," *American Economic Journal: Economic Policy*, aug 2013, *5*(3), 30–66.

Allcott, Hunt, and Christopher Knittel, "Are Consumers Poorly Informed about Fuel Economy? Evidence from Two Experiments," *American Economic Journal: Economic Policy*, feb 2019, *11*(1), 1–37.

Allcott, Hunt, and Michael Greenstone, "Measuring the Welfare Effects of Residential Energy Efficiency Programs," *SSRN Electronic Journal*, 2022.

Allcott, Hunt, and Nathan Wozny, "Gasoline Prices, Fuel Economy, and the Energy Paradox," *Review of Economics and Statistics*, dec 2014, *96*(5), 779–795.

Anderson, Soren T., Ryan Kellogg, and James M. Sallee, "What Do Consumers Believe about Future Gasoline Prices?," *Journal of Environmental Economics and Management*, nov 2013, *66*(3), 383–403.

Andrews, Isaiah, James H. Stock, and Liyang Sun, "Weak Instruments in Instrumental Variables Regression: Theory and Practice," *Annual Review of Economics*, 2019, *11*, 727–753.

Archsmith, James, Kenneth T. Gillingham, Christopher R. Knittel, and David S. Rapson, "Attribute Substitution in Household Vehicle Portfolios," *RAND Journal of Economics*, 2020, *51*(4), 1162–1196.

Berry, Steven, James Levinsohn, and Ariel Pakes, "Automoile Price in Market Equilibrium," *Econometrica*, 1995, *63*(4), 841–890.

Berry, Steven T, "Estimating Discrete-Choice Models of Product Differentiation," *The RAND Journal of Economics*, 1994, *25*(2), 242–262.

Busse, Meghan R., Christopher R. Knittel, and Florian Zettelmeyer, "Are Consumers Myopic? Evidence from New and Used Car Purchases," *American Economic Review*, feb 2013, *103*(1), 220–256.

Eurostat, "Greenhouse Gas Emission Statistics - Air Emissions Accounts," 2022.

Gandhi, Amit and Jean-Franç, "Measuring Substitution Patterns in Differentiated-Products Industries," 2019.

Gillingham, Kenneth, "Identifying the Elasticity of Driving: Evidence from a Gasoline Price Shock in California," *Regional Science and Urban Economics*, jul 2014, *47*(1), 13–24.

Gillingham, Kenneth, David Rapson, and Gernot Wagner, "The Rebound Effect and Energy Efficiency Policy," *Review of Environmental Economics and Policy*, jan 2016, *10*(1), 68–88.

Gillingham, Kenneth, Sébastien Houde, and Arthur van Benthem, "Consumer Myopia in Vehicle Purchases: Evidence from a Natural Experiment," *American Economic Journal: Economic Policy*, 2021, *13*(3), 207–238.

Grigolon, Laura, Mathias Reynaert, and Frank Verboven, "Consumer Valuation of Fuel Costs and Tax Policy: Evidence from the European Car Market," *American Economic Journal: Economic Policy*, aug 2018, *10*(3), 193–225.

Hausman, Jerry A, "Individual Discount Rates and the Purchase and Utilization of Energy-Using Durables: Comment," *The Bell Journal of Economics*, 1979, *10*(1), 33–54.

Houde, Sébastien and Erica Myers, "Heterogeneous (Mis-) Perceptions of Energy Costs- Implications for Measurement and Policy Design,"

2019.

Hughes, J, Christopher R. Knittel, and Daniel Sperling, "Evidence of a Shift in the Short-Run Price Elasticity of Gasoline Demand," *The Energy Journal*, jan 2008, *29*(1), 113–134.

Huse, Cristian and Nikita Koptyug, "Salience and Policy Instruments: Evidence from the Auto Market," *Journal of the Association of Environmental and Resource Economists*, 2022, *9*(2), 345–382.

Ito, Koichiro and James M. Sallee, "The Economics of Attribute-Based Regulation: Theory and Evidence from Fuel Economy Standards," *Review of Economics and Statistics*, 2018, *100*(2), 319–335.

Klier, Thomas and Joshua Linn, "The Price of Gasoline and New Vehicle Fuel Economy," *American Economic Journal: Economic Policy*, 2010, *2*(3), 134–153.

Leard, Benjamin, Joshua Linn, and Katalin Springel, "Pass-Through and Welfare Effects of Regulations that Affect Product Attributes," 2019.

Leard, Benjamin, Joshua Linn, and Yichen Christy Zhou, "How Much Do Consumers Value Fuel Economy and Performance? Evidence from Technology Adoption," *Review of Economics and Statistics*, 2021, *forthcomin.*

Levinson, Arik and Lutz Sager, "Who Values Future Energy Savings? Evidence from American Drivers," *SSRN Electronic Journal*, 2021.

Li, Shanjun, Christopher Timmins, and Roger H Von Haefen, "How Do Gasoline Prices Affect Fleet Fuel Economy ?," *American Economic Journal: Economic Policy*, 2009, *1*(2), 113–137.

Linn, Joshua, "The Rebound Effect for Passenger Vehicles," *The Energy Journal*, apr 2016, *37*(2), 257–288.

Linn, Joshua, "Is There a Trade-Off Between Equity and Effectiveness for

Electric Vehicle Subsidies?," *RFF Working Paper*, 2022, (January), 1–51.

Ministry of the Environment, "Greenhouse Gas Emissions in 2020," 2021.

Montiel Olea, José Luis and Carolin Pflueger, "A Robust Test for Weak Instruments," *Journal of Business and Economic Statistics*, 2013, *31*(3), 358–369.

Nevo, Aviv, "Measuring Market Power in the Ready-to-Eat Cereal Industry," *Econometrica*, mar 2001, *69*(2), 307–342.

Reynaert, Mathias, "Abatement Strategies and the Cost of Environmental Regulation: Emission Standards on the European Car Market," *Review of Economic Studies*, 2021, *88*(1), 454–488.

Reynaert, Mathias, and James M. Sallee, "Who Benefits When Firms Game Corrective Policies?," *American Economic Journal: Economic Policy*, 2021, *13*(1), 372–412.

Sallee, James M., Sarah E. West, and Wei Fan, "Do Consumers Recognize the Value of Fuel Economy? Evidence from Used Car Prices and Gasoline Price Fluctuations," *Journal of Public Economics*, 2016, *135*, 61–73.

Small, Kenneth A. and Kurt Van Dender, "Fuel Efficiency and Motor Vehicle Travel: The Declining Rebound Effect," *The Energy Journal*, jan 2007, *28*(1), 25–51.

Tanaka, Shinsuke, "When Tax Incentives Drive Illicit Behavior: The Manipulation of Fuel Economy in the Automobile Industry," *Journal of Environmental Economics and Management*, 2020, *104*, 102367.

US Environmental Protection Agency, "Inventory of U.S. Greenhouse Gas Emissions and Sinks: 1990–2020," 2022.

Wakamori, Naoki, "Portfolio Considerations in Differentiated Product Purchases: An Application to the Japanese Automobile Market,"

SFB/TR 15 Discussion Paper, 2015, pp. 1–42.

Yoo, Sunbin, Kyung Woong Koh, Yoshikuni Yoshida, and N. Wakamori, "Revisiting Jevons's Paradox of Energy Rebound: Policy Implications and Empirical Evidence in Consumer-Oriented Financial Incentives from the Japanese Automobile Market, 2006–2016," *Energy Policy*, 2019, *133* (July), 110923.

著者紹介

二荒　麟

2018年　慶應義塾大学経済学部卒業

2021年　慶應義塾大学経済学研究科修士課程修了

現在　　メリーランド大学農業資源経済学研究科在籍

　　　　元．三菱経済研究所専任研究員

消費者は燃費を正しく評価しているか？

―自動車購入の意思決定における二つの新たな視点―

2023年 3 月30日　発行

定価　本体1,000円＋税

著　　者　　二荒（フタラ）　麟（リン）

発 行 所　　公益財団法人　三菱経済研究所

東 京 都 文 京 区 湯 島 4-10-14

〒113-0034 電話(03)5802-8670

印 刷 所　　株式会社　国　際　文　献　社

東 京 都 新 宿 区 山 吹 町 332-6

〒162-0801 電話(03)6824-9362

ISBN 978-4-943852-91-9